高等职业教育安全类专业系列教材

安全系统工程

主　编　陈　晨　王会琼

副主编　刘　聪　李　德　罗友梅

西南交通大学出版社
·成　都·

图书在版编目（CIP）数据

安全系统工程 / 陈晨，王会琼主编. -- 成都 ： 西南交通大学出版社，2024. 8. --（高等职业教育安全类专业系列教材）. -- ISBN 978-7-5643-9987-0

Ⅰ. X913.4

中国国家版本馆 CIP 数据核字第 2024T9H126 号

高等职业教育安全类专业系列教材

Anquan Xitong Gongcheng

安全系统工程

主　编／陈　晨　王会琼

策划编辑／吴　迪　黄庆斌　郑丽娟　韩　林　周　杨

责任编辑／王同晓

封面设计／吴　兵

西南交通大学出版社出版发行

（四川省成都市金牛区二环路北一段 111 号西南交通大学创新大厦 21 楼　610031）

营销部电话：028-87600564　028-87600533

网址：http://www.xnjdcbs.com

印刷：成都市新都华兴印务有限公司

成品尺寸　185 mm × 260 mm

印张　10　字数　225 千

版次　2024 年 8 月第 1 版　印次　2024 年 8 月第 1 次

书号　ISBN 978-7-5643-9987-0

定价　35.00 元

课件咨询电话：028-81435775

前言
PREFACE

众所周知，安全是构建和谐社会的基础。安全生产事关人民群众生命和国家财产安全，是保护和发展新质生产力、促进社会和经济持续健康发展的基本条件。安全工程则是指在具体的安全存在领域中，运用安全技术及其综合集成，以及保障动态安全的方法、手段、措施。安全专业是培养掌握安全科学、安全技术和安全管理的基础理论、基本知识、基本技能，具备一定的从事安全工程方面的设计、研究检测、评价、监察和管理等工作的高素质技术技能型人才。

安全系统工程是高职院校安全相关专业必须掌握的一门核心课程。本书知识体系完整、重点突出，系统地介绍了系统安全分析、系统安全评价、系统危险控制、安全预测和安全决策的主要内容，教材注重学生对各种系统安全分析方法的理解。此外教材注重强化理论联系实际、学以致用，在教材最后增加了安全系统工程应用实例一项目。在理解方法的基础上，更注重对学生应用能力的培养，使学生真正能学以致用。

本书可以作为高职高专院校安全类专业上课教材也可以作为安全各类培训教材。本书由江苏航空职业技术学院陈晨和云南能源职业技术学院王会琼担任主编，由昆明冶金高等专科学校刘聪、江苏航空职业技术学院李德和云南能源职业技术学院罗友梅担任副主编。具体编写分工如下:刘聪编写模块一，陈晨编写模块二、模块三，罗友梅编写模块四，王会琼编写模块五，李德编写模块六，全书由陈晨统稿。编写人员由具有安全评价师职业资格并长期从事安全系统工程教学的一线教师组成。

本书编写过程中参阅了大量资料，在此对原作者表示诚挚的谢意。

由于编者水平有限，书中难免有疏漏，敬请批评指正。

编　者

2024 年 7 月

目录 CONTENTS

项目 1　认识安全系统工程 …… 001
任务 1　了解安全系统工程的基本概念 …… 001
任务 2　了解安全系统工程的起源与发展 …… 006
任务 3　熟悉安全系统工程的研究对象和研究内容 …… 009
任务 4　应用安全系统工程 …… 012
项目 2　系统安全定性分析方法 …… 015
任务 1　安全检查表分析法 …… 015
任务 2　预先危险性分析法 …… 022
任务 3　故障类型及影响分析法 …… 028
任务 4　危险性和可操作性研究分析法 …… 033
任务 5　作业条件危险性评价法 …… 036
任务 6　因果分析法（鱼刺图） …… 041
项目 3　系统安全定量分析方法 …… 045
任务 1　事件树分析法 …… 045
任务 2　事故树分析法 …… 051
项目 4　系统安全评价 …… 077
任务 1　安全评价概述 …… 077
任务 2　危险、有害因素识别及评价单元划分 …… 085
任务 3　安全评价方法 …… 099
任务 4　安全对策措施及评价结论 …… 103

项目 5 危险控制与安全决策 …… 110
任务 1 危险控制的基本原则 …… 110
任务 2 固有危险控制 …… 113
任务 3 人为失误控制 …… 117
任务 4 重大危险源辨识 …… 121
任务 5 安全决策 …… 126

项目 6 安全系统工程应用实例 …… 135
任务 1 事件树分析法应用——油库作业安全风险评估与分析 …… 135
任务 2 预先危险性分析应用——小型轧钢企业危险源安全预评价 …… 138
任务 3 作业条件危险性分析法应用——漆业公司安全风险评估与分析 …… 141
任务 4 故障树分析法应用——航空运输中隐含危险品安全风险分析 …… 145
任务 5 安全检查表法应用——电子公司消防安全设施安全风险分析 …… 149
任务 6 预先危险性分析法应用——物流公司堆场改造中安全风险分析 …… 152

参考文献 …… 154

项目 1 认识安全系统工程

本项目主要介绍安全系统工程的基本概念，安全系统工程产生和发展的过程，安全系统工程的研究对象和研究内容及安全系统工程应用特点，对学生的学习起到引导作用，使学生具备安全系统工程基础知识。

知识目标

1. 掌握安全系统、安全系统工程的概念。
2. 熟悉安全系统工程的研究内容。
3. 掌握安全系统工程的应用特点。

能力目标

1. 能够应用安全系统工程的方法解决问题。
2. 能够改进安全系统工程的研究方法。

素质目标

1. 能够运用安全系统工程思维思考问题。
2. 学生的安全意识得到提升。

任务 1 了解安全系统工程的基本概念

任务目标

- 了解系统、系统工程的概念；
- 掌握安全系统、安全系统工程的概念。

任务描述

安全系统工程概念是在系统、系统工程、安全系统等概念陆续出现后才逐渐形成的，要了解安全系统工程的内涵，必须先了解系统、系统工程及安全系统等基本概念。本任务介绍系统与系统工程、安全系统工程等概念，使学生打牢安全系统工程的基础知识，知晓安全系统工程的特点，能够应用安全系统工程思维解决工程实际问题。

安全系统工程（Security System Engineering，SSE），是指在系统思想指导下，运用先进的系统工程的理论和方法，对安全及其影响因素进行分析和评价，建立综合集成的安全防控系统并使之持续有效地运行。简言之，就是在系统思想指导下，自觉运用系统工程的原理和方法进行的安全工作的总体。

安全系统工程是运用系统论的观点和方法，结合工程学原理及有关专业知识来研究生产安全管理和工程的新学科，是系统工程学的一个分支。其研究内容主要有：危险的识别、分析与事故预测；消除、控制导致事故的危险；分析构成安全系统各单元间的关系和相互影响，协调各单元之间的关系，取得系统安全的最佳设计等。研究它的目的是使生产条件安全化，使事故减少到可接受的水平。

知识准备

1. 认识系统与系统工程

1）认识系统

系统就是由相互作用和相互依赖的若干组成部分结合成的具有特定功能的有机整体。系统有自然系统（图 1-1）与人造系统、封闭系统与开放系统、静态系统与动态系统、实体系统与概念系统、宏观系统与微观系统、软件系统与硬件系统之分。

图 1-1　自然系统与生态系统

不管系统如何划分，凡是能称其为系统的，都具有如下特性：

（1）整体性。

系统是由两个或两个以上相互区别的元素（元件或子系统）组成的整体。构成系统的各要素虽然具有不同的性能，但是它们按照一定条件，通过综合、统一（不能简单拼凑）而形成的整体就具备了新的特定功能。就是说，系统作为一个整体才能发挥其应有功能。因此，系统的观点是一种整体的观点，一种综合的思想方法。

（2）相关性。

系统中的各个要素之间、要素与子系统之间、系统与环境之间都根据某种特定的规律存在着相互联系和相互作用，通过这种特定的规律与关系发挥系统的特定功能。

如：超高层住宅楼建筑设计决定了建筑结构及其形式，同时也决定了建筑的整体功能，在建筑结构的基础上，再配以符合需求的水、电、暖通、空调、消防、电梯等各项功能。各子系统之间是相互关联的，电力系统如不能正常运转，会导致消防、空调、电梯等系统功能无法使用，从而导致建筑整体功能的降低甚至瘫痪。

（3）目的性。

任何系统都是为完成某种特定任务或实现某种特定目的而发挥其特定的功能。这就要在系统实现功能的整个生命周期前中期，即系统的规划、设计、试验、制造、使用和维护等阶段，通过设计、管理、组织及优化技术工艺等手段寻求最优的功能方案。

（4）有序性。

系统有序性主要表现在系统空间结构的层次性和系统发展的时间顺序性。完整的系统可能会由无数多个元素所组成，根据其所实现的功能模块和目的可将元素归集至子系统，再由子系统推演至上级子系统，以此类推，最终形成完整的系统，这种子系统的结构具有明确的层次、分工和关系，分割形式表现为系统空间结构的层次性。同时，系统的生命过程也是要经历孕育、诞生、发展、成熟、衰老、消亡的过程，这一过程表现为系统发展的有序性。

（5）环境适应性。

由于系统是追求最优解的过程及结果，又受到环境的影响，可以说环境的复杂性是造成系统复杂性的根源。一方面，系统从环境中获取必要的物质、能量和信息等资源，经过系统的进一步协调、改善、处理、转化和适应，统统反馈给环境进行校验。另一方面，环境也是系统的约束条件，环境变化往往能够引起系统特性的紊乱，系统若要继续实现既定的目标或功能，就需要适应外部环境变化的影响。

2）认识系统工程

系统工程是20世纪50年代发展起来的一门新兴科学，是在现代化的“大企业”“大工程”“大科学”出现后，产品构造复杂、换代周期短、生产社会化、管理系统化、科学技术高度分化又高度综合等历史背景下产生的。它是以系统为研究对象，以现代科学技术为研究手段，通过组织管理协调，使系统各个元素之间达到最佳平衡状态，实现总体最优运行，以系统最佳化为研究目标的科学技术。作为一门横跨多学科的高度综合性的新兴技术，它成为了发展很快、应用很广的一门管理科学，已在经济、社会、人口、军事、行政、法制、科学、教育、人才、情报和未来研究等社会科学领域得到越来越广泛的运用，充分显示了它无限广阔的发展前景。

系统工程是组织管理系统的规划、设计、制造、试验和使用的科学方法，是一种对所有系统都具有普遍意义的科学方法。系统工程原理是一种整体化的设计思想，它涉及到人、物、程序、设备、环境等多种因素。应用系统工程原理，可以从根本上改变传统工程方式，节省时间、成本和资源。其原理包括系统性思考和综合决策模型建立和模拟、需求管理以及风险评估等。

2. 安全系统与安全系统工程

1）认识安全系统

安全是指人、财产和环境在物理、信息、生态等各个方面得到保障，不受有意或无意因素的危害、损失和破坏，达到了预期的保护和维护的状态。人类的整体与生存环境资源的和谐相处，互相不伤害，不存在危险的隐患，是免除了使人感觉难受的损害风险的状态。也就是说，安全是在人类生产过程中，将系统的运行状态对人类的生命、财产、环境可能产生的损害控制在人类不感觉难受的水平以下状态。

安全系统是由与生产安全问题有关的相互联系、相互作用、相互制约的若干个因素结合成的具有特定功能的有机整体。它除了具有一般系统的特点外，还有自己的结构特点。

（1）系统性。

影响安全的因素多种多样，很难找到一个因素数及相关性如此复杂的能与之相比的系统。而且安全系统影响因素之间的联系错综复杂，牵一发而动全身，因此许多研究学者将安全系统研究视为灰色系统处理。与一般系统不同，安全系统总是把环境因素看成是其系统的组分，因此，任何一个安全生产系统都包括“人”“机”“环境”三个部分，如在建筑工程中，建筑施工机械、设备、物料等即为“机”；建筑施工人员和管理人员等即为“人”；施工的环境、天气、地形地貌等都属于“环境”，三者相结合组成“人-机-环境”的复杂安全系统，共同影响建筑施工的安全。

（2）开放性。

安全系统不仅仅是一个客观存在的实体，同时也依附在其他客体（另一个系统）中。可将其他客体看成黑箱，安全系统是通过其他客体或系统的能量流或信息流，通过分析其流入与流程之间的非线性变化趋势，即可预测造成的后果，是否会导致事故的发生，因此安全系统具有开放性特点。开放性不仅是安全系统在动态中保持稳定存在的前提，也是安全系统复杂性及安全与事故转换发生的重要机制。

（3）确定性与非确定性。

“确定性”是指制约系统演化的规则是确定性的，不含任何随机性因素。确定性的特征是演化方向及演化结果是确定的，可精确预测。“非确定性”或者具有演化方向和演化结果不确定，或者具有刻画事物运动特征的特征量不能客观精确地确定的特征。非确定性包括随机性和模糊性。

“随机性”可能有两个方面的来源：一是在不含任何外在的随机影响因素作用下，完全由“确定性”系统演化而产生的随机性（例如产生混沌），这种随机性称为本质随机性。二是系统还可能因其外在影响因素的随机作用而产生随机性行为，从而使系统在一定条件下表现出随机性的特征（外在随机性）。由于安全系统把环境看成是它的组分，所以对安全系统而言，本质随机性和外在随机性的区别不是绝对的。

“模糊性”是指事物的本身不清楚或衡量事物的尺度不清楚。对于安全系统，就是指系统的构成及其相互关系，以及组成与目标的关系不清楚。造成这些不清楚的可能来源在于主观和客观两个方面，即具有主观模糊性和客观模糊性。首先，刻画安全运行轨迹的以模糊数学方法建立的数学模型具有主观模糊性。因为数学模型常常不可能“严格地”确定安全系统各要素之间及其与目标之间完整的客观关系。当然，对于自然的技术因素之间的关系尚好一些。而对于社会的因素及其与技术因素的耦合关系更难于量化，因而也将难于建立准确的数学关系。应该强调的是，出现上述问题不完全是由于安全系统本身不清楚，它可能只是人们对安全系统主观模糊性的表现。其次，对安全系统安全度的评价尺度以及构成安全度等级的评价指标体系也具有客观模糊性，即从事物的本质上无法给出其客观衡量尺度。

（4）安全系统是有序与无序的统一体。

序主要反映事物的组成的规律和时域。依据序的性质，可分为有序、混沌序和无序。有序通常同稳定性、规则性相关联，主要表现为空间有序、时间有序和结构有序。无序通常与不稳定、无规则相关联。而混沌序则是不具备严格周期和对称性的有序态。现代复杂系统演化理论认为，复杂系统的演化中，不同性质的序之间可以相互转化。安全系统序的转化结果是否引发灾害或使灾害扩大，取决于序结构的类型及系统对特定序结构下的运动的（灾害意义上的）承受能力。

有序和无序，确定性和非确定性都会在系统演化过程中通过其空间结构、时间结构、功能结构和信息结构的改变体现出来。

（5）突变性或畸变性。

安全系统的变化过程服从量变到质变的飞跃规律。在量变阶段即为安全系统能量的积聚，通过优化安全技术措施、改善管理组织手段、整合安全系统资源等方法缓解；但到达质变阶段，即能量的突然释放会导致事故的产生。

综上所述，安全系统虽然与一般系统、非线性系统等有若干共同点，但安全系统的个性还是非常明显的，这是决定它客观存在并区别于其他系统的根本原因。

2）认识安全系统工程

安全系统工程，是以安全学和系统科学为理论基础，以安全工程、系统工程、可靠性工程等为手段，对系统风险进行分析、评价、控制，以期实现系统及其全过程安全目标的科学技术。安全系统工程是现代科技发展的必然产物，是安全科学学科的重要分支。

安全系统工程是采用系统工程的基本原理和方法，预先识别、分析系统存在的危险因素，评价并控制系统风险，使系统安全性达到预期目标的工程技术。

安全系统工程的主要任务：

（1）危险源辨识。

（2）分析、预测危险源由触发因素作用而引发事故的类型及后果。

（3）设计和选用安全措施方案，进行安全决策。

（4）安全措施和对策的实施。

（5）对措施效果作出总体评价。

（6）不断改进，以求最佳效果，使系统达到最佳安全状态。

任务实施

【应用 1-1】 本任务主要是要求学生掌握相关概念的内涵，故采取课堂讨论的方式。首先对学生进行分组，然后选定一组学生，要求他们对相关概念以自己的理解口述出来，最后其他组学生针对其表达的内容进行补充完善。

练 习 题

1. 什么叫作系统？请举例说明。
2. 系统的特点有哪些？
3. 什么叫作系统工程？

任务 2　了解安全系统工程的起源与发展

任务目标

- 了解安全系统工程产生和发展的过程；
- 了解发展安全系统工程的重要性。

任务描述

要学好安全系统工程，必须熟悉安全系统工程的发展历史和发展必然，通过对其发展历史过程的学习，可以使学生明确安全系统工程的重要性，提高学生学习的积极性。

知识准备

安全与事故是一对伴生体，在以往的经验型安全管理模式中，安全的发展通常是靠事故反向推理和经验的联想。随着 AI、AR 以及 5G 等技术的发展，前沿企业或者“工业 4.0”工厂都在尝试将业务信息化和智能化，现阶段对于事故的预测预防，推动了安全智能化数据采集、安全大数据分析、安全技术措施、安全智能化监测监控、安全风险智能化管控等技术的飞跃式发展。本任务通过学习安全系统工程的起源和发展，了解我国安全系统工程的方向，展望安全事业新局面，以适应我国“严守安全底线、严格依法监管、保障人民权益、生命安全至上”安全理念的新格局。

1. 安全系统工程的产生和发展

安全系统工程产生于 20 世纪 60 年代初期美英等工业发达国家。当时，军事系统、核工业、化工系统、民用工业等方面均得到了长足的发展，而后系统安全工程方法推广到了航空、航天、石油等领域，成为现代系统安全工程的一种新的理论、方法体系，在当今安全科学中占有非常重要的地位。

1962年美国在导弹系统研发过程中提出了“弹道导弹系统安全工程”，制定了“武器系统安全标准”，次年提出了“系统安全程序”；1967年将该标准提升为美军标准，最终成为现在的MIL-STD-882B《系统安全程序要求》，它以标准的形式规范了美国军事系统的工程项目在招标以及研发过程中对安全性的要求和管理程序、管理方法、管理目标。美国道化学公司于1964年发表了化工厂“火灾爆炸指数评价法”，俗称道氏法。英国帝国化学公司在此基础上开发了蒙德评价法，日本提出了岗三法。20世纪70年代日本劳动省发表《化工企业安全评价指南》，亦称“化工企业六步骤安全评价法”，此评价法是定性评价与定量评价相结合为特点的评价方法。英国在20世纪60年代中期就已建成了系统可靠性服务所和可靠性数据库，将概率风险评价（PRA）技术应用至核电站系统，通过概率分析其系统风险性。到1974年，美国原子能委员会发表了拉斯姆逊教授的《商用核电站风险评价报告》（WASH-1400），对“三里岛核事故”进行了评价，从而成功地开发应用了系统安全分析和系统安全评价技术。

1976年，美国系统学家D.B.Brown教授的著作 *System analysis and design for safety*（安全系统分析和设计），又名 *Safety system engineering*（安全系统工程）中，已对安全系统工程定义的内涵和外延作了详尽的解释。同时指出了它的三项任务：设计的产品保证安全；设计安全的操作过程；设计安全系统。这充分体现了安全系统工程的含义。1981年，库霍曼（A. Kuhlmann）所著的《安全科学导论》德文版出版，该书由H. Herrmann 译成英文 *Introduction to Safety Science* 于1986年在纽约出版，其明确地从学科层面提出了“安全技术科学”概念，主张根据信息论与控制论观点，综合使用工程技术与系统工程方法来解决安全技术（或工程）问题，并大力提倡“人-机-环境”交互研究，安全学科理论框架得到初步形成。

到20世纪80年代，软件已经成为大多数控制系统设计者的首选。为解决如何“证明”安全性以及如何在安全相关应用中使用软件的合理性的问题，国际电工委员会（IEC）于1995年制定了IEC 1508标准草案，提倡一种新的功能安全方法，通过1998年至2000年的实践和反馈，其继任者IEC 61508的七个部分被批准为国际标准。该标准旨在将安全管理和安全工程不仅引入到软件和系统工程，而且引入到系统各方面的管理，涵盖了系统从设计到退役的整个生命周期。

国际标准ISO 26262《道路车辆功能安全》是基于IEC 61508制定，于2011年11月15日正式发布，是史上第一个适用于大批量量产产品的功能安全（Functional Safety）的标准。ISO 26262为汽车安全提供了一个生命周期（管理、开发、生产、经营、服务、报废）理念，并在这些生命周期阶段中提供必要的支持。该标准涵盖功能性安全方面的整体开发过程（包括需求规划、设计、实施、集成、验证、确认和配置）。ISO 26262标准根据安全风险程度对系统或系统某组成部分确定划分由A到D的安全需求等级——汽车安全完整性等级（Automotive Safety Integrity Level，ASIL），其中D级为最高等级，需要最苛刻的安全需求。伴随着ASIL等级的增加，针对系统硬件和软件开发流程的要求也随之增强。对系统供应商而言，除了需要满足现有的高质量要求外还必须满足这些因安全等级增加而提出的更高的要求。

2. 我国安全系统工程的发展

在我国，安全系统工程的研究、开发是从 20 世纪 70 年代末开始的。天津东方化工厂首先应用安全系统工程成功地解决了高度危险企业的安全生产问题。由此，全国掀起了学习和应用安全系统工程的浪潮。1982 年，北京市劳动保护研究所召开安全系统工程座谈会交流国内安全系统工程研究和应用。1985 年，中国“劳动保护管理科学专业委员会”成立，并组建了“系统安全学组”，为安全系统工程学科的发展奠定基础。其后，机械、冶金、航空、交通运输、水电、汽车、核电等行业大力推广系统安全分析方法，对企业系统进行安全分析评价。1986 年，劳动人事部对机械工厂、化工工厂、冶金工厂等企业进行科研立项，研究工厂的危险程度分级。1987 年颁布的《机械工厂安全性综合评价办法》是我国第一部颁安全评价标准，其后我国有关部门还颁布了《石化生产经营单位安全性综合评价办法》《电子生产经营单位安全性评价标准》《航空航天工业工厂安全评价规程》《兵器工业机械工厂安全性评价方法和标准》《医药工业生产经营单位安全性评价通则》等。核工业部参照国外标准对秦山核电站建设项目进行了安全性评价。

1991 年，在国家“八五”计划科技攻关课题中劳动部劳动保护科学研究所等单位创造了具有我国特色的易燃、易爆、有毒重大危险源识别评价方法，建立了事故严重度伤害模型库，使我国工业安全评价方法的研究初步从定性评价进入了定量评价阶段，在此基础上制订了国家标准《重大危险源辨识》(GB 18218—2000)。2002 年，《中华人民共和国安全生产法》和《危险化学品管理条例》的颁布进一步推动了安全评价的发展。2003 年，国家安全生产监督管理局颁发了《安全评价通则》(安监管技装字〔2003〕37 号)，此后《安全预评价导则》《安全验收评价导则》《危险化学品经营单位安全评价导则(试行)》《非煤矿山安全评价导则》《陆上石油和天然气开采业安全评价导则》《煤矿安全评价导则》《安全现状评价导则》《民用爆破器材安全评价导则》《危险化学品包装物、容器定点企业生产条件评价导则(试行)》《危险化学品生产企业安全评价导则(试行)》等 10 项安全评价技术导则陆续发布，安全评价标准体系初步形成，促使我国安全生产领域标准化、规范化的实施向更深层次迈进。

近年来，安全系统工程的应用逐渐普及，将安全系统工程推广至食品工程、网络工程、生物工程、公共安全等方面，特别是在高危行业如化工、煤矿、交通等领域，为预防和减少事故起到了积极作用。同时，随着互联网、大数据、人工智能等技术的发展，我国安全系统工程学正逐渐向智能化、精细化方向发展。例如，在危险源辨识方面，提出了基于大数据和云计算的危险源全面辨识方法；在风险评估方面，建立了基于概率统计和数值模拟的风险评估模型；在事故预防和控制方面，运用了智能传感器、实时监控等技术手段，实现了事故预警和应急处置的快速响应。研究人员利用模糊数学、层次分析法、神经网络、灰色理论等方法完善安全评价技术，同时也推动了学科发展，使安全系统工程学日趋完善。

任务实施

【应用 1-2】 本任务主要是理论介绍，故采用课堂讨论的方式对本任务的知识进行应用。首先对学生进行分组，然后要求每组学生谈谈对安全系统工程发展重要性，再结合目前安全系统工程发展情况，对安全系统工程未来发展进行展望。

任务 3　熟悉安全系统工程的研究对象和研究内容

任务目标

- 了解安全系统工程研究对象；
- 熟悉安全系统工程研究内容。

任务描述

学好安全系统工程，必须先熟悉安全系统工程研究对象和内容，本任务主要从这两个方面做了详细介绍，介绍了安全系统工程主要的研究内容人子系统、机器子系统、环境子系统，并把安全工程研究内容归纳为系统安全分析、系统安全评价、系统安全决策与事故控制。

知识准备

认清安全系统工程研究对象和内容是安全系统工程学习的第一步，将系统工程学和安全学理论相结合，将安全系统工程的研究方法归纳为从系统整体出发的研究方法、本质安全方法、人机匹配方法、安全经济方法、系统安全管理方法、数字化研究方法等六个方面。

1. 安全系统工程的研究对象

安全系统工程是一门研究如何保证系统安全性、提高系统可靠性的跨学科应用技术学科。其主要由“人-机-环境”三部分组成了安全系统，因此，安全系统工程的研究对象即为人子系统、机器子系统和环境子系统。

1）人子系统

人子系统主要包含了人的生理和心理因素两个部分，要充分考虑到人受到影响后的行为与感受等，如规章制度、管理方法、企业文化等对员工和管理人员的共识度等问题。在研究该系统的过程中，不仅仅要符合人的生理特性，更要把人作为“社会人”进行分析，必须从生理学、人体生物学、社会学、人类学、心理学、行为科学角度分析问题、解决问题。

2）机器子系统

机器子系统主要包含了机器的安全性和可靠性，要从尺寸、材料、强度、工艺等方面考虑，而且仪器仪表、操作部件还要符合人机工程学、人体测量学、生理学，以及心理与生理的特性等有关参数。

3）环境子系统

环境子系统主要包含了影响环境的理化因素和社会因素。理化因素主要是指酸碱度、噪声、粉尘、振动、放射性射线、温度、湿度、毒性、磁场、光照度等因素；社会因素主要是指工作制度、管理制度、人际交往、社会舆论、风俗习惯等因素。

"人-机-环境"三个子系统的平衡使整个系统的安全性成为动态平衡的关键。安全系统工程的研究对象不仅仅局限于这三个子系统内部的问题，还要分析三个子系统之间的联系与平衡。分析、评价、控制"人-机-环境"系统的安全性，只有从三个子系统内部及三个子系统之间的这些关系出发，才能真正解决系统的安全问题。

2. 安全系统工程的研究内容

安全系统工程是专门研究如何用系统工程的原理和方法确保实现系统安全功能的科学技术。其主要研究内容有危险源辨识、系统安全分析、系统安全评价与预测、安全决策与事故控制。

1）危险源辨识

危险源辨识就是识别危险源并确定其特性的过程。危险源辨识主要是对危险源进行识别，对其性质加以判断，对可能造成的危害、影响提前进行预防，以确保生产的安全、稳定。通过危险源辨识，有的放矢地采取安全合理的控制技术措施以防止危险源转变成隐患。

2）系统安全分析

系统安全分析是使用系统工程的原理和方法，辨别、分析系统存在的危险因素，并根据实际需要对其进行定性、定量描述的技术方法。通过系统安全分析，运用逻辑学和数学方法来描述安全系统，提高系统的安全性。

3）系统安全评价与预测

安全评价以实现安全为目的，应用安全系统工程原理和方法，辨识与分析工程系统、生产经营活动中的危险、有害因素，预测发生事故造成职业危害的可能性及其严重程度，提出科学、合理、可行的安全对策措施建议，做出评价结论的活动。

系统安全预测指对系统未来的安全状态进行评估，并采取相应的安全技术措施对可能发生的事故进行制约和预防，为制定安全技术方案提供依据。

4）安全决策与事故控制

安全生产事故决策是指在发生安全生产事故时，通过科学分析、综合考虑各种因素，迅速做出正确决策，最大限度地减少人员伤亡和财产损失，维护企业和社会的安全稳定。从系统的完整性、相关性、有序性出发，对系统实施全面、全过程的安全管理，实现对系统的安全控制目标。

3. 安全系统工程的研究方法

1）从系统整体出发的研究方法

要发挥系统的功能，必须从系统整体观点出发，以目标为导向，研究子系统与系统之间、子系统与子系统之间的矛盾，通过优化、改善安全技术措施，提高系统整体安全性能，寻求各个子系统之间的最优平衡点，同时要把安全系统工程的优化思路贯穿到系统的规划、设计、研制和使用等各个阶段中。

2）本质安全方法

本质安全是安全技术追求的终极目标，安全系统思想的精髓，也是安全系统工程的核心技术。由于安全系统把安全问题中的“人-机-环境”统一为一个系统来考虑，因此，不论是从研究内容来考虑，还是从系统目标来考虑，核心问题就是本质安全化，就是研究实现系统本质安全的方法和途径。

3）人机匹配方法

在影响系统安全的各种因素中，至关重要的是人机匹配。在产业部门研究与安全有关的人机匹配的内容属于安全人机工程，在人类生存领域研究与安全有关的人机匹配的内容属于生态环境和人文环境问题。显然，从安全的目标出发，考虑人机匹配，以及采用人机匹配的理论和方法是安全系统工程方法的重要支撑点。

4）安全经济方法

由于技术水平和经济条件的限制，任何企业不可能无限制地投入在安全相关的措施中，安全是在可接受范围内的最优解，经济指标体系是企业安全生产标准化管理中不可或缺的一个组成部分。通过科学的管理和运用，可以提高企业的经济效益，降低生产成本，同时保障员工的安全和健康，达到人、财、品的高效协调和利用。因此，企业在进行安全生产标准化管理时，需要重视经济指标体系的应用，并不断完善和调整指标，以适应市场经济的发展。

5）系统安全管理方法

安全系统工程从学科的角度讲是技术与管理相交叉的横断学科，从系统科学原理的角度讲是解决安全问题的一种科学方法。从技术和管理的双向视角出发，在注重专业技术的同时将系统安全管理方法贯穿到安全的规划、设计、检查与控制的全过程。因此，系统安全管理方法是安全系统工程方法的重要组成部分。

6）数字化研究方法

随着科学技术的发展，信息化、数字化、智能化的应用越来越普及，许多学者利用仿真软件，通过数字模拟实验的方式，研究安全系统的运行状态和效果。通过融合计算机图形学、人机交互技术、传感技术、人工智能、智能化数据采集、大数据分析等多个领域的技术，为安全预测、安全评价提供更精准、更及时的数据支撑。

任务实施

【应用 1-3】 本任务主要是理论介绍，故采用课堂讨论的方式对本任务的知识进行应用。首先对学生进行分组，然后要求每组学生谈谈对安全系统工程研究方法和内容的看法。

练 习 题

1. 安全系统工程的研究对象有哪些？
2. 安全系统工程的研究方法有哪些？

任务 4　应用安全系统工程

任务目标

- 熟悉安全系统工程应用特点

任务描述

学习安全系统工程的最终目标是应用，安全系统工程的应用和其他学科应用有些不同之处，本任务主要结介绍安全系统应用特点，为以后安全系统工程学习中理论联系实际奠定基础。

知识准备

1. 安全系统工程在安全工作中的应用

安全系统工程通过几十年的发展，已经从研究产品的可靠性和安全性技术上升为研究生产安全管理和工程的新学科，通过不断完善、充实自身的理论体系，指导生产安全管理工作。安全系统工程的原理和方法不仅仅在安全管理工作中得到了充分的发挥，同时在质量管理、环保管理、医疗事故管理、经济管理、社会风险控制等方面得到了应用。其应用特点主要体现在以下几个方面：

1）系统性

安全系统工程分析的方法都是从系统整体出发，研究“人-机-环境”三个子系统及子系统之间的相关性、适应性和动态性等特性，以最求整体系统总体目标或功能的最优解或可接受解。

2）预测性

由于事故有危害性，任何生产企业把保障人民群众的生命财产安全放在首位，尽量将风险控制在可接受的范围内。安全系统工程通过分析与评价其技术应用，预测系统存在的危险因素和风险水平，并采取适当措施控制系统风险降至可控水平。

3）层序性

安全系统工程的应用贯穿至企业安全生产的整个生命周期，横跨了时间和空间两个跨度按照相关顺序开展工作。因此，安全系统工程具有明显的“动态过程”研究特点。

4）择优性

在系统风险控制中提出的方案、措施有很多种，要根据企业实际情况进行综合比较，选择适合企业的方案即为最优方案。在选取控制风险的安全措施中，主要遵从消除、预防、减弱、隔离、连锁、警告的顺序，选择有针对性、可操作性高和经济性强的对策措施。因此，冗余设计、安全联锁、有一定可靠度保证的安全系数，是安全系统工程经常采用的设计思想。

5）技术与管理的融合性

本质安全是安全生产追求的终极目标，即使在误操作或发生故障的情况下也不会造成事故的功能。这种通过追求企业生产流程中人、机、系统、制度等诸要素的安全可靠和谐统一，使各种危害因素始终处于受控制状态需要有足够的经济条件所支撑，加之新技术、新工艺、新材料、新设备更新速度的不断加快，对于一时做不到本质安全的技术系统，必须用安全管理来弥补其缺陷，只有将技术与管理有机的结合起来才能够解决安全生产问题。

通过理解、掌握安全系统工程的应用特点，融汇贯通至该学科的理论研究和生产实际中，能够使安全系统工程飞速发展，效果显著。

2. 安全系统工程的优点

安全系统工程的方法不同于以往传统的安全管理方法，通过定性、定量方法分析事故的风险，将经验型、事后处理的传统局面转变为事前预防、事中控制的良好事态，其主要优点有：

（1）预测和预防事故的发生是现代安全管理的中心任务。通过科学的系统安全分析方法可以识别系统中的缺陷或薄弱环节等可能导致事故的条件。通过定性和定量分析，可以预测事故发生的可能性和事故的危险程度，找到导致事故发生的根本原因及事故隐患，从而及时采取有效的安全技术措施予以约束，大大降低事故发生的可能性。

（2）现代工业的特点是规模化、连续化、自动化、集成化和智能化，工艺流程日趋复杂，设备工序衔接更紧凑。通过利用安全系统工程分析设备、流程中的安全问题，找出最适当的方法使各分系统之间的配合达到最佳，用最少的投资达到最佳的安全效果，大幅度地减少伤亡事故。

（3）安全系统工程的方法适用于工程和管理，实际上现已形成安全系统工程和安全系统管理两个分支。其应用范畴可以归纳为五个方面，即发现事故隐患、预测由故障引起的危险、设计和调整安全措施方案、实现最优化的安全措施、不断地采取改善措施。

（4）安全系统工程通过定量分析、评价和优化技术，为安全事故预测提供了科学依据，有助于选择合理、最优、经济的方案。

（5）促进标准制定的准确性和可靠性，随着计算机的普及和人工智能的发展，安全相关数据采集的广泛性、及时性、准确性和可靠性大幅度提升，为安全评价和风险分析提供了良好的数据支撑，如允许安全值、故障率数据、安全设计标准、人机工程标准等。

（6）迅速提高企业员工、安全工作人员和管理者的水平。通过安全系统工程可以规范化、流程化的分析和评估生产工艺流程的各个环节，准确定位事故隐患和工作风险点，从而采取有针对性的安全技术措施予以预防，为培养高素质人才形成范示。

任务实施

【应用 1–4】 本任务主要是理论介绍，故采用课堂讨论的方式对本任务的知识进行应用。首先对学生进行分组，然后要求每组学生举出自己知道的安全系统工程的应用案例，再进行简单分析，最后教师进行总结。

练习题

1. 安全系统工程应用的特点是什么？
2. 安全系统工程的优点有哪些？

项目 2　系统安全定性分析方法

系统安全定性分析方法主要是根据经验和直观判断能力对生产系统的工艺、设备、设施、环境、人员和管理等方面的状况进行分析，安全评价的结果是一些定性的指标，如是否达到了某项安全指标，事故及是什么类别，是什么因素导致了事故的发生等。属于安全定性分析方法的有安全检查表分析法、预先危险性分析法、故障类型和影响分析、危险可操作性研究分析、作业条件危险性评价法（格雷厄姆—金尼法或 LEC 法）、因果分析法。

系统安全定性分析方法的特点是容易理解、便于掌握，分析过程简单。目前系统安全定性分析方法在国内外企业安全管理工作中被广泛应用。本章主要选取几种常见的系统安全定性分析方法，从基本原理、方法简介、实例应用等方面进行介绍。

知识目标

1. 掌握各种系统安全定性分析方法的基本概念、原理。
2. 掌握各种系统安全定性分析方法的特点、实施步骤。
3. 掌握各种系统安全分析方法在实际案例中的应用。

能力目标

1. 具备运用系统安全定性分析方法辨识系统中危险源的能力。
2. 具备针对所辨识危险源提出具体安全预防措施的能力。

素质目标

1. 培养系统安全分析的逻辑能力。
2. 培养严谨细致的工作态度。

任务 1　安全检查表分析法

任务目标

- 熟悉安全检查表基本原理。
- 掌握安全检查表使用方法。

任务描述

安全检查表分析法是使用范围非常广，极具操作性的一种方法，本任务介绍了安全检查表分析法的基本检查内容，安全检查表的形式、类型及特点。通过任务实施，将安全检查表应用到实践中。

知识准备

1. 安全检查

安全检查是运用常规、例行的安全管理工作及时发现不安全状态及不安全行为的有效途径，也是消除事故隐患、防止伤亡事故发生的重要手段。

1）安全检查的性质

安全检查除了进行经常性的检查外，还应定期地进行群众性的检查。检查的性质可分为普遍检查、专业性检查和季节性检查等。

安全检查方法的目的是辨识可能导致事故、引起伤害、引发重要财产损失或对公共环境产生重大影响的装置条件或操作规程，致力于提高整个装置的安全操作度，而不是干扰正常操作或对发现的问题采取处罚。完成安全检查后，评价人员对亟待改进的地方应提出具体的针对性建议、措施。一般安全检查人员主要包括与装置有关的人员，如操作人员、维修人员、工程师、管理人员、安全员等，具体视工厂的组织情况而定。

2）安全检查的内容

安全检查的内容主要是查思想、查管理、查隐患、查事故处理。

（1）查思想：检查企业领导和各级管理人员的思想认识，是否把职工的安全健康放在首位，对安全法规、政策和安全生产方针是否认真贯彻执行。

（2）查管理：主要是检查企业领导是否把安全生产列入议事日程；企业主要负责人在计划、布置、检查、总结、评比生产的同时是否将“五同时”的要求落到实处；新建、改建、扩建的工程项目与安全卫生设施是否执行同时设计、同时施工、同时投产的“三同时”原则；安全的机构、安全教育制度、安全规章制度以及特种作业人员的培训制度是否健全。

（3）查隐患：通过检查生产设备、劳动条件、安全卫生设施是否符合安全要求以及劳动者在生产中是否存在着不安全行为等，找出不安全因素和事故隐患。

（4）查事故处理：检查企业对伤亡事故是否及时报告、认真调查；是否按“三不放过”的要求严肃处理；是否采取了有效措施，避免类似事故重复发生。

2. 安全检查表

安全检查表分析法（Safety Checklist Analysis）是依据相关的标准、规范，对工程、系统中已知的危险类别、设计缺陷以及与一般工艺设备、操作、管理有关的潜在危险性和有害性进行判别检查，适用于工程、系统的各个阶段，是系统安全工程的一种相对基础、简便、广泛应用的系统危险性评价方法。

1）安全检查表的形式

安全检查表的形式很多，检查表可根据不同的检查目的进行设计，也可按照统一要求的标准格式制作。在进行安全检查时，安全检查表的制作应满足目标明确、要求具体、查之有据的要求，对发现的问题做出明确的记录，并提出解决的方案，同时落实到责任人，以便及时整改。安全检查表的基本格式见表 2-1。

表 2-1　安全检查表基本形式

检查项目名称：________________　　　　日期：　　年　　月　　日

序号	检查项目	扣　分　标　准	扣分情况	整改措施

检查人员：____________　　项目部安全员：____________　　项目经理：____________

2）安全检查表的类型

根据用途和安全检查表的内容，安全检查表可分为以下几种类型：

（1）审查设计的安全检查表，指主要用于设计人员和安全监察人员及安全评价人员在设计审核时，对企业生产性建设和技术改造工程项目进行设计审核时使用，也可作为“三同时’的安全预评价审核依据。其主要内容应包括：平面布置、装置、设备、设施工艺流程的安全性；机械设备设施的可靠性；主要安全装置与设备、设施布置及操作的安全性；消防设施与消防器材，防尘防毒设施、措施的安全性；危险物质的储存、运输和使用；通风、照明、安全通道等。

（2）厂级的安全检查表，指主要用于全厂性安全检查，也可用于安全技术、防火等部门进行日常检查。其主要内容包括：主要安全装置与设施；危险物品的贮存与使用；消防通道与设施；操作管理及遵章守纪等方面的情况。

（3）车间的安全检查表，指用于车间进行定期检查和预防性检查的检查表，重点放在人身、设备、运输、加工等不安全行为和不安全状态方面。其内容包括：工艺安全；设备布置；安全通道；通风、照明；安全标志；尘毒和有害气体的浓度；消防措施及操作管理等。

（4）工段及岗位的安全检查表，指用于工段和岗位进行自检、互检和安全教育的检查表，重点放在因违规操作而引起的多发性事故上。其内容应根据岗位的操作工艺和设备的抗灾性能而定，要求检查内容具体、易行。

（5）专业性安全检查表是由专业机构或职能部门所编制和使用的，主要用来进行定期的或季节性的安全检查，如对电气设备、起重设备、压力容器、特殊装置与设施等的专业性检查。

3）安全检查表的编制依据及步骤

（1）编制依据。

安全检查表应由专业干部、有关部门领导、工程技术人员和工人共同编写，并通过实践检验不断修改，使之逐步完善。安全检查表可以按生产系统、车间、工段和岗位编写，也可以按专题编写。重要设备和容易出现事故的工艺流程，应该编制专门的安全检查表。

安全检查表的编制过程，也是对系统进行安全分析的过程。通过对系统的全面分析，结合有关资料，找出系统中存在的隐患、事故发生的可能和途径，以及事故的影响、后果等，然后根据有关法规、规章制度、标准和安全技术要求，完成检查表的编制工作。为了清楚地列出检查表中的检查项目和检查重点，可通过事故树分析法找出导致事故的基本事件和最小割集，然后进行逐一审查并确定出它们之间的逻辑关系。

（2）编制步骤及注意事项。

安全检查表分析法主要包括四个操作步骤：收集评价对象的有关数据资料；选择或编制安全检查表；现场检查评价；编写评价结果分析。

4）编制安全检查表的注意事项

（1）编制安全检查表的过程，实质是理论知识、实践经验系统化的过程，一个高水平的安全检查表需要专业技术的全面性、多学科的综合性和对实际经验的统一性。为此，应组织技术人员、管理人员、操作人员和安全人员应深入现场共同编制。

（2）检查隐患要求列出的检查项目应齐全、具体、明确，突出重点，抓住要害。为了避免重复，尽可能将同类性质的问题列在一起，系统地列出问题或状态。另外应规定检查方法，并有合格标准。防止检查表笼统化，形式化。

（3）各类检查表都有其适用对象，各有侧重，是不宜通用的。

（4）危险性部位应详细检查，确保一切隐患在可能发生事故之前就被识别。

（5）编制安全检查表应将安全系统工程中的事故树分析、事件树分析、预先危险性分析和可操作性研究等方法进行结合。

5）安全检查表的特点

安全检查表是进行系统安全性分析的基础，也是安全检查中行之有效的基本方法，具有以下明显的特点：

（1）通过预先对检查对象进行详细调查研究和分析，所制定出来的安全检查表比较系统、完整，能包括控制事故发生的各种因素，可避免检查过程中的形式化和盲目性，从而提高安全检查工作的效果和质量。

（2）安全检查表是根据有关法规、安全规程和标准制定的，因此检查目的明确，内容具体，易于实现安全要求。

（3）对所拟定的检查项目进行逐项检查的过程，也是对系统危险因素辨识、评价并制定出措施的过程，既能准确地查出隐患，又能得出确切的结论，从而保证了有关法规的全面落实。

（4）检查表是与有关责任人紧密相连系的，易于推行安全生产责任制，检查后能够做到事故清、责任明、整改措施落实快。

（5）安全检查表是通过问答的形式进行检查的过程，所以使用起来简单易行，易于安全管理人员和广大职工掌握和接受，可经常自我检查。

总之，安全检查表不仅可以用于系统安全设计的审查，也可以用于生产工艺过程中的危险因素辨识、评价和控制，以及用于行业标准化作业和安全教育等方面，是一项进行科学化管理、简单易行的基本方法，具有实际意义和广泛的应用前景。

任务实施

【应用 2-1】 将学生带到施工现场，指导学生补充完善表 2-2“塔吊安全检查表”和表 2-3“施工机具安全检查表”中安全检查项目的扣分标准，然后通过现场安全检查完成表 2-2 和表 2-3 的其他内容。（注：如果所选建筑施工现场和示例检查表格项目有出入可以适当调整示例表格内容。）

表 2-2　塔吊安全检查表

检查项目名称：________　　　　日期：　　年　　月　　日

序号	检查项目		扣分标准	应得分数	扣减分数	实得分数
1	保证项目	力矩限制器	无力矩限制器，扣___分 力矩限制器不灵敏，扣___分			
2		限位器	无超高、变幅、行走限位，每项扣___分 限位器不灵敏，扣___分			
3		保险装置	吊钩无保险装置，扣___分 卷扬机卷筒无保险装置，扣___分 上人爬梯无护圈或护圈不符合要求，扣___分			
4		附墙装置与夹轨钳	塔吊高度超过规定不安装附墙装置，扣___分 附墙装置安装不符合说明书要求，扣___分 无夹轨钳，扣___分 有夹轨钳不用，每一处扣___分			
5		安装与拆卸	未制订安装拆除方案，扣___分 作业队伍没有取得资格证，扣___分			
6		塔吊指挥	司机无证上岗，扣___分 指挥无证上岗，扣___分 高塔指挥不使用旗语或对讲机，扣___分			

续表

序号	检查项目		扣分标准	应得分数	扣减分数	实得分数
7	一般项目	路基与轨道	路基不坚实、不平整、无排水措施，每项扣___分 枕木铺设不符合要求，扣___分 道钉与接头螺栓数量不足，扣___分 轨距偏差超过规定的，扣___分 轨道无极限位置阻挡器，扣___分 高塔基础不符合设计要求，扣___分			
8		电气安全	行走塔吊无卷线器或失灵，扣___分 塔吊与架空线路小于安全距离又无防护措施，扣___分 防护措施不符合要求，扣___分 道轨无接地、接零，扣___分 接地、接零不符合要求，扣___分			
9		多塔作业	两台以上塔吊作业、无防碰撞措施，扣___分 措施不可靠，扣___分			
10		安装验收	安装完毕无验收资料或无责任人签字，扣___分 验收单上无量化验收内容，扣___分			
		小　计				
检查项目合计						

检查人员：__________　　项目部安全员：__________　　项目经理：__________

表 2-3　施工机具安全检查表

检查项目名称：__________　　日期：　　年　　月　　日

序号	检查项目	扣分标准	应得分数	扣减分数	实得分数
1	平刨	平刨安装后无验收合格手续，扣___分 无护手安全装置，扣___分 未做保护接零、无漏电保护器，各扣___分 无人操作时未切断电源，扣___分			
2	圆盘电锯	电锯安装后无验收合格手续，扣___分 无锯盘护罩、分料器、防护挡板安全装置和传动部位无防护，每缺一项扣___分 未做保护接零、无漏电保护器，各扣___分 无人操作时未切断电源，扣___分			
3	手持电动工具	Ⅰ类手持电动工具无保护接零，扣___分 使用Ⅰ类手持电动工具不按规定穿戴绝缘用品，扣___分 使用手持电动工具随意接长电源线或更换插头，扣___分			

续表

序号	检查项目	扣分标准	应得分数	扣减分数	实得分数
4	钢筋机械	机械安装后无验收合格手续，扣___分 未做保护接零、无漏电保护器，各扣___分 钢筋冷拉作业区及对焊作业区无防护措施，扣___分 传动部位无防护，扣___分			
5	电焊机	机械安装后无验收合格手续，扣___分 未做保护接零、无漏电保护器，各扣___分 无二次空载降压保护器或防触电装置，扣___分 一次线长度超过规定或不穿管保护，扣___分 焊把线接头超过 3 次或绝缘老化，扣___分 电源不使用自动开关，扣___分 电焊机无防雨罩，扣___分			
6	搅拌机	搅拌机安装后无验收合格手续，扣___分 未做保护接零、无漏电保护器，各扣___分 离合器、制动器、钢丝绳达不到要求，每项扣___分 操作手柄无保险装置，扣___分 搅拌机无防雨棚和作业台不安全，扣___分 搅拌机无保险挂钩或挂钩不使用，扣___分 传动部位无防护罩，扣___分 作业平台不平稳，扣___分			
7	气瓶	各种气瓶无标准色标，扣___分 气瓶间距小于 5 m、距明火小于 10 m 又无隔离措施，各扣___分 乙炔瓶使用或存放时平放，扣___分 气瓶存放不符合要求，扣___分 气瓶无防震圈、防护帽，每项扣___分			
8	翻斗车	翻斗车未取得准用证，扣___分 翻斗车制动装置不灵敏，扣___分 无证司机驾车，扣___分 行车载人或违章行车，每发现一处扣___分			
9	潜水泵	未做保护接零、无漏电保护器，各扣___分 保护装置不灵敏、使用不合理，扣___分			
10	打桩机械	打桩机未取得准用证和安装后无验收合格手续，扣___分 打桩机无超高限位装置，扣___分 打桩机行走路线地耐力不符合说明书要求，扣___分 打桩作业无方案，扣___分 打桩操作违反操作规程，扣___分			

检查人员：____________　项目部安全员：____________　项目经理：____________

【应用 2-2】 请每个同学根据宿舍用电情况，自行编制一个宿舍用电安全检查表。

练 习 题

1. 安全检查的定义及性质是什么?
2. 安全检查表的类型有哪些?
3. 安全检查表的作用及优点有哪些?
4. 如何编制安全检查表?

任务 2　预先危险性分析法

任务目标

- 熟悉预先危险性分析基本原理。
- 掌握预先危险性分析使用方法。

任务描述

在新建、改建、扩建项目时经常用到预先危险性分析法。通过预先危险分析可以提前分析出系统存在的危险、有害因素，以及这些危险、有害因素的伤害方式及结果。本任务主要介绍该方法的应用问题。

知识准备

1. 预先危险性分析法基本原理

预先危险性分析法（Preliminary Hazard Analysis）是在每项生产活动之前，特别是在设计的开始阶段，对系统存在危险类别、出现条件、事故后果等进行概略地分析，尽可能识别潜在的危险性，确定其危险等级，防止危险发展成事故。

预先危险性分析方法通常用于对潜在危险了解较少和无法凭经验觉察的工艺项目的初期阶段。

2. 预先危险性分析法的主要功能

预先危险性分析法的主要功能是：识别与系统有关的一切主要危害；鉴别产生危险的原因；估计事故出现后产生的后果；提出消除或控制危险性的防范措施。

3. 预先危险性分析法程序

进行预先危险性分析时，一般是先利用安全检查表、经验和技术先查明危险因素存在方位，然后识别使危险因素演变为事故的触发因素和必要条件，对可能出现的事故后果进行分析，并采取相应的措施。

预先危险性分析包括准备、审查和结果汇总 3 个阶段。

1）准备阶段

对系统进行分析之前，要收集有关资料和其他类似系统以及使用类似设备、工艺物质的系统的资料。对于所分析系统，要弄清其功能、构造，为实现其功能所采用的工艺过程，以及选用的设备、物质、材料等。由于预先危险性分析是在系统开发的初期阶段进行的，获得的有关分析系统的资料是有限的，因此在实际工作中需要借鉴类似系统的经验来弥补分析系统资料的不足。通常采用类似系统、类似设备的安全检查表作参照。

2）审查阶段

通过对方案设计、主要工艺和设备的安全审查，辨识其中主要的危险因素，也包括审查设计规范和采取的消除、控制危险源的措施。

通常，应按照预先编制好的安全检查表逐项进行审查，其审查的主要内容有以下几个方面：

（1）危险设备、场所、物质；

（2）有关安全设备、物质间的交接面，如物质的相互反应，火灾爆炸的发生及传播，控制系统等；

（3）对设备、物质有影响的环境因素，如地震、洪水、高（低）温、潮湿、振动等；

（4）运行、试验、维修、应急程序，如人失误后果的严重性，操作者的任务，设备布置及通道情况，人员防护等；

（5）辅助设施，如物质、产品储存，试验设备，人员训练，动力供应等；

（6）有关安全装备，如安全防护设施，冗余系统及设备，灭火系统，安全监控系统，个人防护设备等。

根据审查结果，确定系统中的主要危险因素，研究其产生原因和可能发生的事故。根据事故原因的重要性和事故后果的严重程度，确定危险因素的危险等级。通常把危险因素划分为 4 级：

Ⅰ级——安全的，暂时不能发生事故，可以忽略；

Ⅱ级——临界的，有导致事故的可能性，事故处于临界状态，可能造成人员伤亡和财产损失，应该采取措施予以控制；

Ⅲ级——危险的，可能导致事故发生，造成人员伤亡或财产损失，必须采取措施进行控制；

Ⅳ级——灾难的，会导致事故发生，造成人员严重伤亡或财产巨大损失，必须立即设法消除。

针对识别出的主要危险因素，可以通过修改设计、加强安全措施来消除或予以控制，从而达到系统安全的目的。

3）结果汇总阶段

典型的结果汇总表包括主要事故及其产生原因、可能的后果、危险性级别，以及应采取的相应措施等。

4. 预先危险性分析的形式

预先危险性分析可以以危险有害因素为分析对象，也可以以具体的事故为分析对象，形成如表 2-4 和表 2-5 的形式。这两种形式是比较常见的，也可以根据具体情况进行适当改动。

表 2-4　以危险有害因素为分析对象的预先危险性分析表

危险因素	触发事件	现象	事故原因	事故情况	事故后果	危险等级	建议的安全措施

表 2-5　以事故类别为分析对象的预先危险性分析的表格形式

潜在事故	
危险因素	
触发条件一	
发生条件	
触发条件二	
事故后果	
危险等级	
危险程度	
防范措施	

任务实施

【应用 2-3】 让学生阅读表 2-6“常减压蒸馏装置开停工预先危险性分析表（部分）”，熟悉预先危险性分析表编制方法。依据这个表编制瓦斯爆炸实训室预先危险性分析表。

【应用 2-4】 让学生阅读表 2-7“火灾、爆炸事故预先危险性分析”表和表 2-8“中毒、窒息事故预先危险分析表”，参照这个表的形式编制一个，学生公寓触电事故的预先危险分析表。

表 2-6　常减压蒸馏装置开停工预先危险分析表（部分）

危险因素	触发事件	现象	事故原因	事故情况	事故后果	危险等级	建议的安全措施
天然气	加热炉点火	爆炸	与空气混合达到爆炸极限	加热炉爆炸	人员伤亡、财产损失	Ⅲ	吹扫置换干净；爆炸性气体分析；防可燃气泄漏
油气	减压塔负压生产	爆炸	空气进入塔达到爆炸极限	减压塔爆炸着火	人员伤亡、财产损失	Ⅲ	开工前按规定试正压和试负压；认真巡检；规范操作
	电脱盐罐送电	爆炸	与空气混合达到爆炸极限	电脱盐罐爆炸	人员伤亡、财产损失	Ⅲ	蒸汽吹扫置换；罐顶排空；送电满油位联锁
	塔腐蚀穿孔	着火	油气泄漏至高温设备自燃	火灾	人员伤亡、财产损失	Ⅲ	严格审核设计；定期检测设备；认真巡检；投用火灾报警监测仪
硫化亚铁	人孔开启	自燃	硫化亚铁在空气中氧化自燃	减压塔填料火灾	财产损失	Ⅲ	减压塔填料进行水冲洗；温度降至常温才能打开人孔
汽油	回流罐液位失灵	下火雨	汽油从不凝气线进入加热炉	加热炉下火雨	人员伤亡、财产损失	Ⅲ	采用双法兰液位计；及时核对液位；认真巡检
渣油	取样或机械泵、换热器法兰泄漏	带压自燃	高温渣油泄漏，在空气中自燃	火灾	人员伤亡、财产损失	Ⅲ	规范操作；提高检修质量；认真巡检；投用火灾报警监测仪
常顶汽油	停电或顶回流中段回流不上量	不凝气，高点放空喷油	塔内热量上移，大量油气进入塔顶回流罐，液位猛涨	火灾	人员伤亡、财产损失	Ⅲ	做好应急方案，迅速转移回流罐油气

表 2-7　某化工装置火灾、爆炸事故预先危险分析表

潜在事故	火灾、爆炸
危险因素	可燃爆物质（如苯酚、丙酮、甲烷气体等）泄露，压力容器爆炸
触发条件一	1. 故障泄漏 ① 储罐、槽、塔、器、管线阀门、法兰等破损、泄漏； ② 罐、槽、塔、器、管、阀、表等连接处泄漏，泵破裂或转动设备密封处泄漏； ③ 罐、槽、塔、管、阀等因加工、材质、焊接等质量不好或安装不当而泄漏； ④ 罐、槽、塔、器、阀门、泵、管道、流量计、仪表连接处泄漏； ⑤ 撞击或人为损坏造成容器、管道泄漏，以及储罐、槽等超装溢出； ⑥ 由自然灾害（如雷击、台风、地震）造成设备破裂泄漏。 2. 运行泄漏 ① 超温、超压造成破裂、泄漏； ② 安全阀、防爆膜等安全附件失灵、损坏或操作不当； ③ 进出料配比、料量、速度不当造成反应失控导致容器、管道等破裂、泄漏； ④ 物料在容器、管道或其他储存体中自聚、破裂、泄漏； ⑤ 热交换不充分而造成能量过量积聚，导致罐、槽、塔、器等破裂、泄漏； ⑥ 垫片撕裂造成泄漏，以及骤冷、急热造成罐、槽、塔、器等破裂、泄漏； ⑦ 承压容器未按有关规定及操作规程操作； ⑧ 转动部件不洁而摩擦产生高温及高温物件遇易燃物品
发生条件	① 易燃易爆物蒸汽压达爆炸极限； ② 易燃易爆物料泄漏； ③ 易燃物质遇明火； ④ 存在点火源、静点、高温物体等引发能量
触发条件二	1. 明火 ① 火星飞溅；② 违章动火；③ 外来人员带入火种；④ 物质过热引发；⑤ 点火吸烟；⑥ 他处火灾蔓延；⑦ 其他火源。 2. 火花 ① 金属撞击（带钉皮鞋、工具碰撞等）；② 电气火花；③ 线路老化或受到损坏，引燃绝缘层；④ 短路电弧；⑤ 静电；⑥ 雷击；⑦ 进入车辆未戴阻火器等（一般要禁止驶入）；⑧ 手机等电子设备，产生火花，焊、割、打磨产生火花等
事故后果	物料跑损、人员伤亡、停产、造成严重经济损失
危险等级	Ⅳ级
危险程度	破坏性的
防范措施	1. 控制与消除火源 ① 严禁吸烟、火种和穿带钉皮鞋、不带阻火器车辆进入易燃易爆区； ② 严格执行动火证制度，并加强防范措施； ③ 易燃易爆场所一律使用防爆性电气设备。 2. 严格控制设备及其安装质量 ① 罐、槽、塔、器、泵、阀、压机、冷机、管线质量； ② 压力容器、管道及其仪表要定期检验、检测、试压； ③ 对设备、管线、泵、阀、报警器监测仪表定期检、保、修； ④ 设备及电气按规范和标准安装，定期检修，保证完好状态； ⑤ 易燃易爆物挥发、散落场所的高温部件须隔热、密闭措施

表 2-8 中毒、窒息事故预先危险分析表

潜在事故	中毒、窒息
危险因素	① 有毒物料（如苯酚、丙酮、甲烷气体等）泄漏； ② 窒息性气体（如酸性气体等）； ③ 检修、抢修作业时接触有毒或窒息性物料
触发条件一	① 生产过程中的主要有毒有害物料：石油、汽油、氢氧化钠、氢氧化钾等发生泄漏； ② 泄漏原因如火灾、爆炸触发事件中故障泄漏和运行泄漏等方面； ③ 检修、维修、抢修时，罐、槽、塔、器、管、阀等中的有毒有害物料未彻底清洗干净； ④ 窒息性或毒性气体的泄漏量较大，且有积聚； ⑤ 在容器内作业时缺氧
发生条件	① 有毒物料超过容许浓度； ② 毒物摄入体内； ③ 缺氧
触发条件二	① 毒物及窒息性物质浓度超标； ② 通风不良； ③ 缺乏泄漏物料的危险、有害特性及其应急预防方法的知识； ④ 不清楚泄漏物料的种类，应急处理不当； ⑤ 在有毒现场无相应的防毒过滤器、面具、空气呼吸器以及其他有关的防护用品； ⑥ 因故未戴防护用品； ⑦ 防护用品选型不当或使用不当； ⑧ 救护不当； ⑨ 在有毒或缺氧、窒息场所作业时无人监护
事故后果	物料跑损、人员中毒窒息
危险等级	Ⅲ级
危险程度	危险的
防范措施	① 严格控制设备及其安装质量，消除泄漏的可能性与火灾、爆炸防范措施中。 ② 严格控制设备及其安装质量。 ③ 防止易燃、易爆物料的跑、冒、滴、漏。 ④ 加强管理、严格工艺。 ⑤ 安全设施保持齐全、完好。 ⑥ 严防车辆行驶时撞坏管线、管架桥、其他设备。 ⑦ 泄漏后应采取相应措施：查明泄漏源点，切断相关阀门，消除泄漏源，及时报告。如泄漏量大，应疏散有关人员至安全处。 ⑧ 定期检修、维护保养，保持设备完好。检修时，彻底清洗干净并检测有毒有害物质浓度氧含量，合格后方可作业。作业时，穿戴劳动防护用品，有人监护并有抢救后备措施。 ⑨ 要有应急预案，抢救时勿忘正确使用防毒过滤器、氧气呼吸器及其他劳动防护用品

练习题

1. 什么是预先危险性分析?
2. 预先危险性分析的目的和程序是什么?
3. 预先危险性分析中关于危险因素的划分是哪些?

任务3 故障类型及影响分析法

任务目标

- 熟悉故障类型及影响分析法内涵;
- 掌握故障类型及影响法应用方法。

任务描述

故障类型及影响分析法尤其适用于机器设备故障问题，可依据故障的类型一步一步找出发生故障的原因。本任务介绍故障类型及影响分析法的基本原理和使用方法，要求学生掌握此方法的应用。

知识准备

1. 故障类型及影响分析法基本原理

故障类型及影响分析法(Failure Model and Effects Analysis)是对系统各组成部分、元件进行分析的重要方法。系统的子系统或元件在运行过程中会发生故障，而且往往可能发生不同类型的故障。不同类型的故障对系统的影响是不同的。这种分析方法首先找出系统中各子系统及元件可能发生的故障及其类型，查明各种类型故障对邻近子系统或元件的影响以及最终对系统的影响，以及提出消除或控制这些影响的措施。故障类型及影响分析是一种系统安全分析归纳方法。

2. 故障和故障类型

(1) 故障的定义。

元件、子系统、系统在运行时，达不到设计规定的要求，不能完成任务的情况称为故障。

(2) 故障类型的定义。

系统、子系统或元件发生的每一种故障的形式称为故障类型。例如，一个阀门故障可以有4种故障类型：内漏、外漏、打不开、关不严。

（3）故障等级。

根据故障类型对系统或子系统影响程度的不同而划分的等级称为故障等级。

3. 分析程序

故障类型和影响分析通常包括以下四方面：

1）掌握和了解对象系统

对故障类型和影响进行分析之前，必须掌握被分析对象系统的有关资料，以确定分析的详细程度。确定对象系统的边界条件包括以下内容：

（1）了解作为分析对象的系统、装置或设备。

（2）确定分析系统的物理边界，划清对象系统、装置、设备与子系统、设备的界线，圈定所属的元素（设备、元件）。

（3）确定系统分析的边界，应明确两方面的问题：

① 分析时不需考虑的故障类型、运行结果、原因或防护装置等，如分析故障原因时不考虑飞机坠落到系统外和地震、龙卷风等对系统的影响；

② 最初的运行条件或元素状态等必须清楚，例如对于初始运行条件，在正常情况下阀门是开启还是关闭的必须清楚。

（4）收集元素的最新资料，包括其功能、与其他元素之间的功能关系等。

分析的详细程度取决于被分析系统的规模和层次。例如，选定一座化工厂作为对象系统时，故障类型和影响分析应着眼于组成工厂的各个生产系统，如供料系统、间歇混合系统、氧化系统、产品分离系统和其他辅助系统等，对这些系统的故障类型及其对工厂的影响进行分析。当把某个生产系统作为对象系统时，应对构成该系统的设备的故障类型及其影响进行分析。当以某一台设备为分析对象时，则应对设备的各部件的故障类型及其对设备的影响进行分析。当然，分析各层次故障类型和影响时，最终都要考虑它们对整个工厂的影响。

2）对系统元素的故障类型进行分析

在对系统元素的故障类型进行分析时，要将其看作是故障原因产生的结果。首先，找出所有可能的故障类型，同时尽可能找出每种故障类型的所有原因，然后确定系统元素的故障类型。故障类型的确定，可依据以下两方面：

（1）分析对象是已有元素，则可以根据以往运行经验或试验情况确定元素的故障类型。

（2）若分析对象是设计中的新元素，则可以参考其他类似元素的故障类型，或者对元素进行可靠性分析来确定元素的故障类型。

一般来说，一个元素至少有四种可能的故障类型：意外运行；运行不准时；停止不及时；运行期间故障。

为了区分故障类型和故障原因，必须明确元素的故障是故障原因对元素功能影响的结果。故障原因可以从内部原因和外部原因两个方面来分析。

在分析时要把元素进一步分解为若干组成部分，如机械部分、电气部分等，然后研究这些部分的故障类型（内部原因）和这些部分与外界环境之间的功能关系，找出可能的外部原因。一般来说，外部原因主要是元素运行的外部条件方面的问题，同时也包括邻近的其他元素的故障。

根据故障原因分析，最后确定元素的故障类型。确定元素故障类型的程序如图 2-1 所示。

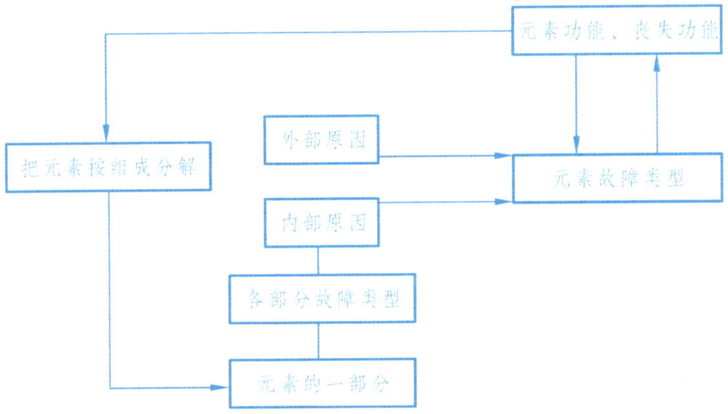

图 2-1　确定元素故障类型的程序

3）故障类型的影响

故障类型的影响是指系统正常运行的状态下，详细地分析一个元素各种故障类型对系统的影响。

分析故障类型的影响，通过研究系统主要的参数及其变化来确定故障类型对系统功能的影响，也可以根据故障后果的物理模型或经验来研究故障类型的影响。

故障类型的影响可以从下面三种情况来分析：

（1）元素故障类型对相邻元素的影响，该元素可能是其他元素故障的原因。

（2）元素故障类型对整个系统的影响，该元素可能是导致重大故障或事故的原因。

（3）元素故障类型对子系统及周围环境的影响。

4）列出故障类型和影响分析表

根据故障类型和影响分析表，系统地、全面地和有序地进行分析，最后将分析结果汇总于表中，可以一目了然地显示全部分析内容。根据研究对象和分析的目的，故障类型和影响分析表可设置成多种形式。

4. 一般机电产品、设备常见故障类型分析

对产品、设备、元件的故障类型、产生原因及其影响应及时了解和掌握，才能正确地采取相应措施。若忽略了某些故障类型，这些类型故障可能因为没有采取防止措施而导致事故发生。例如，美国在研制卫星系统时，仅考虑了旋转天线汇流环开路故障而忽略了短路故障，结果由于天线汇流环短路故障导致发射失败，造成了 1 亿多美元的损失。

掌握产品、设备、元件的故障类型需要积累大量的实际工作经验，特别是通过对故障类型及影响分析来积累经验。一般机电产品、设备常见故障类型见表 2-9。

表 2-9　一般机电产品、设备常见故障类型

故障类型	故障原因	故障表现	备注
结构破损	外漏	不能开机	无输入
机械性卡住	超出允许上限	不能关机	无输出
振动	超出允许下限	不能切换	电短路
不能保持在指定位置上	间断运行	提前运行	电开路
不能开启	运行不稳定	滞后运行	漏电
不能关闭	意外运行	输入量过大	其他
误开	错误指示	输入量过小	
误关	流动不畅	输出量过大	
内漏	假运行	输出量过小	

5. 故障类型及影响、危险度分析法

把故障类型及影响分析法从定性分析发展到定量分析，则形成了故障类型和影响、危险度分析法（Failure Modes Effects and Criticality Analysis）。

故障类型及影响、危险度分析包括两个方面的分析：

（1）故障类型和影响分析；

（2）危险度分析。

危险度分析的目的在于评价每种故障类型的危险程度。通常，采用概率-严重度来评价故障类型的危险度。概率是指故障类型发生的概率，严重度是指故障后果的严重程度。采用该方法进行危险度分析时，通常把概率和严重度分别划分为若干等级。例如，美国的杜邦公司把概率划分为 6 等级，危险程度划分为 3 个等级（见表 2-9 中注）。

例如，起重机制动装置和钢丝绳的部分故障类型及影响、危险度分析见表 2-10。

表 2-10　起重机的故障类型影响和危险度分析

项目	构成元素	故障模式	故障影响	危险程度	故障发生概率	处理方法	应急措施
制动装置	电气元件	动作失灵变形	过卷、坠落	大	1×10^{-2}	仪表检查	立即检修
	机械部件	摩擦	破裂	中	1×10^{-4}	观察	及时检修
	制动瓦块	间隙过大	摩擦力小	小	1×10^{-3}	检查	调整
钢丝绳	股	变形、磨损	断绳	中	1×10^{-4}	观察	更换
	钢丝	断丝超标	断绳	大	1×10^{-1}	检查	更换

（1）危险程度分为：

大——危险；

中——临界；

小——安全。

（2）应急措施：立即停止作业，及时检修。

（3）发生概率：非常容易发生——1×10^{-1}；

容易发生——1×10^{-2}；

偶尔发生——1×10^{-3}；

不常发生——1×10^{-4}；

几乎不发生——1×10^{-5}；

很难发生——1×10^{-6}。

任务实施

【应用 2-5】 电机运行系统故障类型和影响分析。

电机运行系统如图 2-2 所示，该系统是一种短时运行系统，如果运行时间过长则可能引起电线过热或者电机过热、短路。对系统中主要元素进行故障类型和影响分析，结果列于表 2-11。

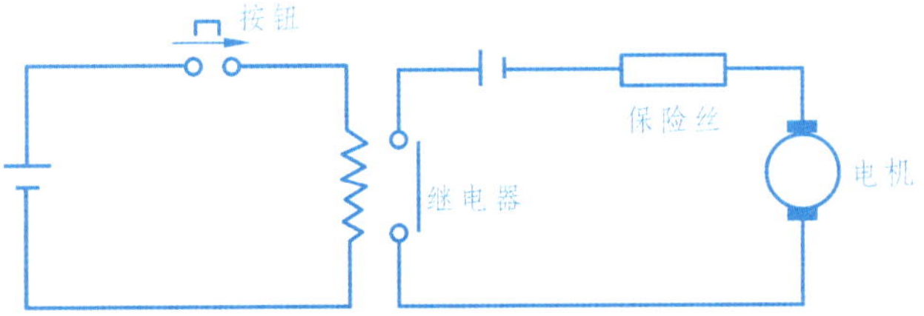

图 2-2　电机运行系统示意

表 2-11　电机运行系统故障类型和影响分析

元素	故障类型	可能原因	对系统影响
按钮	卡住	机械故障	电机不转
	接点断不开	机械故障； 人员没有放开按钮	电机运转时间过长； 短路会烧毁保险丝
继电器	接点不闭合	机械故障	电机不转
	接点不断开	机械故障； 经过接点电流过大	电机运转时间过长； 短路会烧毁保险丝
保险丝	不熔断	质量问题； 保险丝过粗	短路时不能断开电路

请同学们分析此故障类型及影响分析表，思考一下有没有遗漏的故障类型，将遗漏的进行补充说明。

【应用 2–6】 空气压缩机储气罐的故障类型和影响分析。

空气压缩机的储气罐属于压力容器，其功能是储存空气压缩机产生的压缩空气。这里仅考察储罐的罐体和安全阀两个元素的故障类型及其影响，分析结果列于表 2-11，请完善表 2-12 中空缺部分。

表 2-12　储气罐的故障类型和影响分析

故障类型	故障的影响	故障原因	故障的识别	校正措施
轻微漏气	能耗增加	接口不严	漏气噪声、空气机频繁打压	加强维修保养
严重漏气				
破裂				

练 习 题

1. 什么是故障、故障类型、故障及影响分析？
2. 简述故障类型及影响分析的分析程序。

任务 4　危险性和可操作性研究分析法

任务目标

- 熟悉危险性和可操作性研究分析法内涵和使用条件；
- 掌握危险性和可操作性研究分析法使用方法。

任务描述

危险性和可操作性研究分析法是主要适用于化工工艺的定性评价方法，它是以关键词为引导，找出过程中工艺状态的变化（即偏差），然后分析找出偏差的原因、后果及可采取的对策。本任务要使学生掌握此方法的应用。

知识准备

1. 危险性和可操作性研究分析法基本原理

危险性与可操作性分析法（Hazard and Operability Study）是以引导词为核心的系统危险分析方法，已经有 60 余年应用历史。它是一种定性的安全评价方法。它的基本过程是以关键词为引导，找出过程中工艺状态的变化（即偏差），然后分析找出偏差的原因、后果及可采取的对策。

危险性和可操作性研究分析是基于头脑风暴法，即背景各异的专家们如若在一起工作，就能够在创造性、系统性和风格上互相影响和启发，能够发现和鉴别更多的问题，要比他们独立工作并分别提供工作结果更为有效。虽然，危险性和可操作性研究分析起初是专门为评价新设计和新工艺而开发的分析方法，但是，这一同样可以用于整个工程、系统项目全生命周期。

2. 引导词

具体引导词及含义如表 2-13 所示。

表 2-13　危险性和可操作性研究分析法引导词及其含义

引导词	含义
空白	设计或操作要求的指标和事件完全不发生，如无流量
高（多）	同标准值相比，数值偏大，如温度、压力
低（少）	同标准值相比，数值偏小，如温度、压力值偏低
伴随	在完成既定的功能的同时，伴随多余时间发生
部分	只完成既定功能的一部分，如组分的比例发生变化
相逆	出现和设计要求完全相反的事或物，如流体反向流动
异常	出现和设计要求不相同的事或物

3. 危险性和可操作性研究分析法的适用范围

（1）危险性和可操作性研究分析法既适用于设计阶段，又适用于现有的生产装置。

（2）危险性和可操作性研究分析可以应用于连续的化工过程，也可以应用于间歇的化工过程。

4. 危险性和可操作性研究分析所需资料及编制

（1）基本资料：带控制点工艺流程图；现有流程图、装置布置图；操作规程；仪表控制图、逻辑图、计算机程序；工厂操作规程；设备制造手册。

（2）分析及编制记录。

分析及编制记录如表 2-14 所示。

表 2-14　危险性和可操作性研究分析记录

<table>
<tr><td colspan="2">安全评价组
可操作性研究</td><td colspan="2">车间/工段：_____车间_____工段
系统：__________
任务：__________</td><td>日期：__________
代号：__________
页码：__________
设计者：__________
审核者：__________</td></tr>
<tr><td>关键词</td><td>偏差</td><td>原因</td><td>结果</td><td>措施</td></tr>
<tr><td></td><td></td><td></td><td></td><td></td></tr>
</table>

任务实施

【应用 2-7】　磷酸和氨混合，制备磷酸二氢铵的连续生产流程如图 2-3 所示。如果反应完全，将生成没有危险的产品磷酸二氢铵。如果磷酸的比例减少，反应将不完全，会有氨放出。如果减少氨加入量，过程将会是安全的，但产品却不理想。将制备磷酸氢二铵的过程进行危险性和可操作性研究分析。

假定磷酸和氨水自高位槽中靠重力流入反应器，反应器为常压操作。因为是一个连续过程，可取磷酸槽出口管路作为对象。

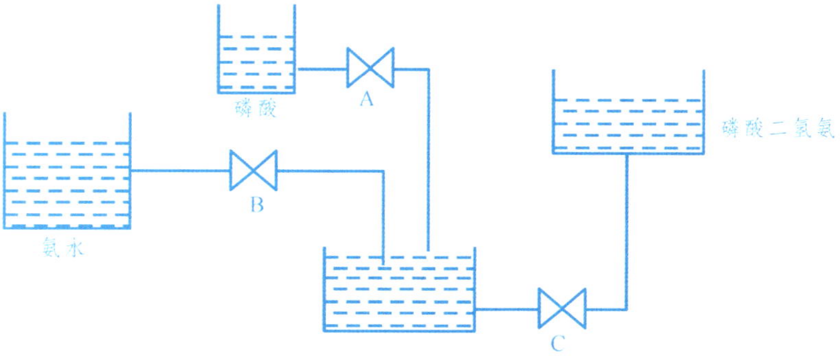

图 2-3　磷酸二氢铵制备流程

由此得出可操作性研究分析的结果，如表 2-15。请完善表 2-15 中减量和过量的偏差、原因、结果和措施。

表 2-15　磷酸制备过程危险和可操作性分析结果

关键词	偏差	原因	结果	措施
空白	流量为零	阀 A 故障关闭；磷酸供应中断（无料）；管道堵塞或破裂	反应器内有过量的氨，氨散发到操作环境中	磷酸流量减少时自动关闭阀 B
减量				
过量				
部分	磷酸浓度降低	厂商发料错误；添加磷酸时发生错误	同“减量”	磷酸罐内加料后增加磷酸浓度检验分析
伴随	硫酸浓度提高	不可能，因采用最高浓度		
相逆	倒流	不可能		
异常	磷酸管中有其他物料代替了磷酸	厂商发料错误；厂内仓库发生错误	依替代物的性质而有变化，根据现场可能得到的其他物料（如外观、包装相似），分析其潜在后果	往磷酸罐内加料前，对物料进行检验

练习题

1. 什么是危险性和可操作性研究？
2. 简述危险性和可操作性研究的基本原理。

任务 5　作业条件危险性评价法

任务目标

1. 熟悉作业条件危险性评价法内涵和基本原理；
2. 掌握作业条件危险性评价法的使用方法。

任务描述

作业条件危险性评价法主要用于评价操作人员在具有潜在危险性环境中作业时的危险性、危害性。本任务介绍了该种方法的基本原理和使用方法，要求学生掌握该方法的使用。

知识准备

1. 作业条件危险性评价法基本原理

作业条件危险性评价，是对具有潜在危险性作业环境中的危险源进行半定量安全评价的方法，用于评价操作人员在具有潜在危险性环境中作业时的危险性、危害性。该方法用与系统风险有关的三种因素指标值的乘积来评价操作人员伤亡风险大小，这三种因素分别是：*L*（likelihood，事故发生的可能性）；*E*（exposure，人员暴露于危险环境中的频繁程度）；*C*（consequence，一旦发生事故可能造成的后果）。

2. 作业条件危险性评价法方法介绍

采用作业条件危险性评价法，危险总分值为 *D*，影响作业条件危险性的因素是 *L*、*E* 和 *C*，函数式如下：

$$D=L\cdot E\cdot C$$

L、*E*、*C* 根据矿井实际情况分别对照表 2-16 ~ 2-18 取值，计算出 *D* 值后按表 2-19 判定。

表 2-16　事故发生的可能性分值（*L*）

事故发生可能性	实际上不可能	极不可能	可以设想，但高度不可能	完全意外很少可能	不经常但可能	相当可能	完全会被预料到
分数值	0.1	0.2	0.5	1	3	6	10

表 2-17　人员暴露于危险环境的频繁程度分值（*E*）

暴露于危险环境的频繁程度	非常罕见地暴露	每年几次暴露	每月一次暴露	每周一次或偶然暴露	每天工作时间内暴露	连续暴露
分数值	0.5	1	2	3	6	10

表 2-18　一旦发生事故可能造成的后果分值（*C*）

事故造成的后果	轻伤需救护	有伤残	严重伤残	一人死亡	数人死亡	十人以上死亡
分数值	1	3	7	15	40	100

表 2-19　危险性等级划分标准

危险程度	安全的	稍有危险	显著危险	高度危险	极其危险
危险总分值 *D*	<20	≥20 ~ 70	≥70 ~ 160	≥160 ~ 320	≥320

任务实施

【应用 2-8】 表 2-20 是一个 LED 洞体作业条件评价实例。阅读之后结合专业所依托的行业编制一个作业条件评价表。

表 2-20　定性定量评价结果

序号	作业人员/工序/部位	危险因素	危险源	潜在风险	风险值 $L\times E\times C=D$				是否重大风险
					L	E	C	D	
一	洞库开挖作业								
1	台车打眼	听力损害	职业病	作业人员在施钻过程中，损害听力	3	6	1	18	否
2	台车打眼	落石伤人	防护缺陷	作业人员在施钻过程中，被落石砸伤	6	3	3	54	否
3	台车打眼	高处坠落	防护缺陷	在台架上施钻过程中，人员坠落伤亡	3	6	3	54	否
4	爆破作业	爆炸	化学性	未正确使用保存火工品，导致爆炸	3	6	15	270	是
5	爆破作业	落物伤人	防护缺陷	装药过程中，乱扔工具引发事故	3	6	1	18	否
6	爆破作业	飞石伤人	运动物	爆破防护警戒不到位	3	6	3	54	否
7	爆破作业	听力损害	噪声	爆破影响听力	3	6	1	18	否
8	爆破作业	粉尘	粉尘与气溶胶	爆后未采用降尘	3	6	3	54	否
9	爆破作业	坍塌	设备设施	未按爆破设计装药	1	6	7	42	否
10	找顶	落石伤人	防护缺失	找顶过程中，人员站在危石下方	3	6	1	18	否
11	装运作业	车辆伤害	行为性	运输车超速或刹车失效	3	6	15	270	是
12	装运作业	有害气体	自然性物质	行走机械尾气	3	6	1	18	否
13	装运作业	倾翻砸人	操作失误	路面不平，边缘行走，侧翻伤人	3	3	3	27	否
二	洞库锚杆支护								
1	锚杆支护	高处坠落	防护缺失	锚杆支护过程中，人员高处坠落	3	6	3	54	否
2	锚杆支护	落物伤人	防护缺失	锚杆支护过程中，上仍下抛工具砸伤人	3	6	3	54	否
3	锚杆支护	落石伤人	防护缺失	锚杆支护前，未处理危石	3	6	3	54	否
4	喷砼	粉尘	防护缺失	喷砼过程中，未佩戴防尘口罩	3	6	1	18	否
5	喷砼	喷物伤人	行为性危险	喷砼过程中，一次喷砼过厚，导致砼块坠落	3	6	1	18	否
三	机电、设备								
1	机械操作	机械伤害	操作失误	操作机械伤人	3	3	1	9	否
2	装载机作业	车辆伤害	操作失误	装载机行走伤人	3	3	1	9	否
3	装载机作业	人员伤害	操作失误	掌子面掉块或坍塌伤人	3	3	3	27	否

续表

序号	作业人员/工序/部位	危险因素	危险源	潜在风险	风险值 $L\times E\times C=D$				是否重大风险
					L	E	C	D	
4	焊接作业	灼伤	电磁辐射	电焊灼伤	3	3	1	9	否
5	焊接作业	触电	电危害	焊接时，漏电伤人	3	6	3	54	否
6	动力设备作业	机械伤害	防护缺失	动力设备运转时伤人	3	6	3	54	否
7	运输作业	车辆伤害	行为性危害	车辆超速或溜车撞人	3	6	15	270	是
8	机加工作业	机械伤害	违章操作	机加工过程中机械伤人	3	6	3	54	否
9	维修作业	挤伤	防护缺失	维修作业时，人员被挤伤	3	3	1	9	否
10	气割作业	易燃气体、爆炸	易燃易爆性物质	气割过程中，瓶体爆炸伤人	3	6	1	18	否
11	气割作业	灼伤	电磁辐射	气割过程中，人员被灼伤	3	6	1	18	否
12	砂轮机作业	没防护罩、违章操作	防护缺失	防护罩损坏，违章操作导致人员伤害	3	6	3	54	否
四	生活办公								
1	食堂	火灾、爆炸	明火危害	油锅起火、煤气罐爆炸	3	3	1	9	否
2	生活区	火灾、触电	电危害	电火或明火取暖；私拉乱接电线	3	6	1	18	否
3	生活区	爆炸	行为性危害	私自做饭，煤气罐爆炸	3	6	1	18	否
4	机动车出入	碰撞伤人、倾翻	操作失误	车辆超速伤人、车辆侧翻伤人	3	3	1	9	否
五	职业病危害								
1	施工过程中	粉尘	作业环境不良	洞库粉尘伤害	3	6	3	54	否
2	砼拌和	水泥尘		搅拌水泥时，粉尘伤害	3	6	1	18	否
3	喷砼	外加剂粉尘		喷砼过程中，粉尘、微毒伤害	3	6	1	18	否
4	焊接	辐射、粉尘		焊接辐射伤人、烟尘伤害	3	6	1	18	否
六	竖井施工区域								
1	设置照明	触电	电危害	光线不足、非专业人员操作	3	6	3	54	否
2	炸药、雷管加工使用	放炮伤害	易燃易爆性物质	警戒防护不规范，违规吸烟	3	6	3	54	否
3	风钻打眼	掉石伤人	防护缺失	找顶不彻底、未及时支护	3	6	3	54	否
4	风钻打眼	残眼炸药爆炸伤人	操作失误	未派人看炮	3	6	3	54	否

续表

序号	作业人员/工序/部位	危险因素	危险源	潜在风险	风险值 $L\times E\times C=D$				是否重大风险
					L	E	C	D	
5	爆破作业	飞石伤人	行为性危害、操作失误	防护未到位	3	6	3	54	否
6	爆破作业	爆炸伤人		防护不到位	3	6	15	270	是
7	爆破作业	掉石伤人		找顶不彻底	3	6	3	54	否
8	找顶	坍塌伤人		支护强度不够、围岩等级低	3	6	3	54	否
9	找顶	掉石伤人		找顶操作角度错位、垂直作业	3	6	3	54	否
10	注浆	注浆管爆裂	运动物危害	检查不仔细、压力过大	3	6	1	18	否
11	钢筋网片挂设	提升伤害	设备设施缺失	指挥不当	3	6	3	54	否
12	喷砼	粉尘	作业环境	护目镜未佩戴	3	6	3	54	否
13	喷砼	物体打击	防护缺陷	垂直作业	3	6	3	54	否
14	喷砼	喷浆管道爆裂	运动物缺失	压力大、管道未维护	3	6	1	18	否
15	喷砼	高处坠落	操作失误	未系安全带	3	6	3	54	否
16	竖井提升作业	吊桶坠落	设备设施缺陷	挂钩质量差	3	6	15	270	是
17	竖井提升作业	坠物伤人	行为性	人员无躲避	3	6	3	54	否
18	竖井提升作业	钢丝绳过卷、过速		操作过猛	3	6	15	270	是
19	钢筋丝断落	掉物伤人	设备设施缺陷	钢丝绳未更换	3	6	3	54	否
20		钢丝绳飞出伤人		钢丝绳未更换	3	6	3	54	否
21	人员上下井	高处坠落	操作失误	防护装置不全	3	6	15	270	是
22	无关人员进入作业区	落物伤人	行为性危害、监护缺失	监守不到位、人员安全意识薄弱	3	6	1	18	否
七	油库								
1	油库储存	爆炸	动火作业	附近动火作业，防护不到位	3	6	15	270	是
八	火工品库房								
1	炸药雷管库房	爆炸	静电、火源、混合存放	雷管炸药混放、人员带静电、附近动火作业	3	6	15	270	是

练习题

1. 什么是作业条件危险性分析？
2. 简述作业条件危险性分析法的程序。

任务 6 因果分析法（鱼刺图）

任务目标

- 熟悉因果分析法（鱼刺图）的内涵；
- 掌握作业条件危险评价法的使用方法。

任务描述

鱼刺图是一种因果分析的方法，可以用在战略分析、问题整理等方面，由于使用鱼刺图可以很好地分析安全事故发生的原因，所以在安全系统分析中可以引入鱼刺图进行辅助分析，本任务主要介绍鱼刺图的画法和应用。

知识准备

1. 鱼刺图的定义

1953 年，日本管理大师石川馨先生所提出的一种把握结果（特性）与原因（影响特性的要因）的极方便而有效的方法，称为“石川图”。因其形状很像鱼刺，也既称为“鱼刺图”或者“鱼刺图”，它是一种发现问题“根本原因”的方法，是一种透过现象看本质的分析方法。

问题的特性总是受到一些因素的影响，我们通过头脑风暴法找出这些因素，并将它们与特性值一起，按相互关联性整理而成的层次分明、条理清楚，并标出重要因素的图形就叫“特性要因图”“因果图”。

2. 鱼刺图的用法

鱼刺图是一个非定量的工具，可以帮助我们找出引发问题的潜在的根本原因。它通过我们问自己：“问题为什么会发生？”使项目小组聚焦于问题的原因，而不是问题的症状。能够集中于问题的实质内容，而不是问题的历史或不同的个人观点。以团队努力，聚集并攻克复杂难题。辨识导致问题或情况的所有原因，并从中找到根本原因。分析导致问题的各原因之间相互的关系。采取补救措施，选择正确行动。

鱼刺图在使用的时候通常采用头脑风暴研讨会的形式，头脑风暴研讨会让所有成员表达意见，应尽可能多而全地找出所有可能原因，而不仅限于自己能完全掌控或正在执行的内容。对人的原因，宜从行动而非思想态度面着手分析。目标集中，追求设想数量，越多越好，具体注意事项如下：

（1）主张独立思考，各抒己见。

（2）鼓励巧妙地利用和改善他人的设想。禁止批评和评论，提倡自由发言，任意思考，知无不言，言无不尽。

（3）与会人员一律平等，各种设想全部记录。

（4）不强调个人成绩，以小组的整体利益为重，创造民主环境。

（5）不阻碍个人新观点的产生，激发个人追求更多更好的主意。

3. 鱼刺图的类型

（1）整理问题型：各要素与特性值间不存在原因关系，而是结构构成团系。

（2）原因型：鱼头在右，特性值通常以“为什么……”来写。

（3）对策型：鱼头在左，特性值通常以“如何提高/改善……”来写。

4. 鱼刺图的结构

鱼刺图的基本结构如图 2-4。

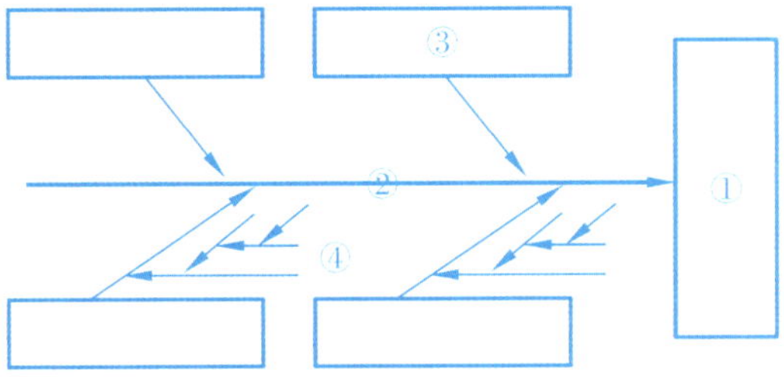

图 2-4　鱼刺图基本结构

画图时注意相邻箭头之间的夹角（锐角）为 60°。

5. 鱼刺图分析法的步骤

1）决定问题的特性

简单的说特性就是“工作的结果”（图 2-5），首先对团队成员讲解会议目的，然后认清、阐明需要解决的问题，并就此达成一致意见。

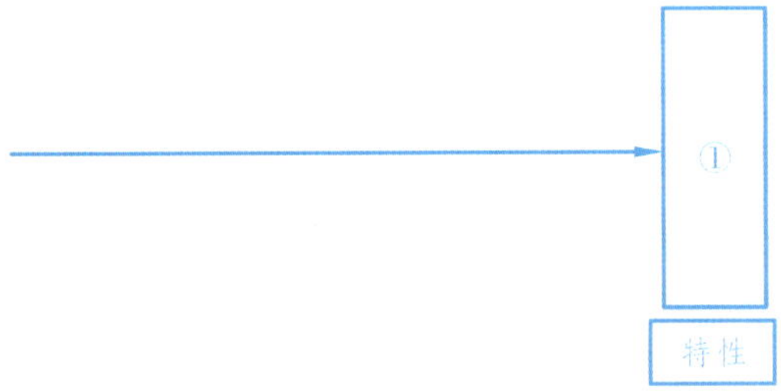

图 2-5　鱼刺图特性示意

2）特性和主骨

特性写在右端，用四方框圈起来，主骨用粗线画，加箭头标志，具体如图 2-6。

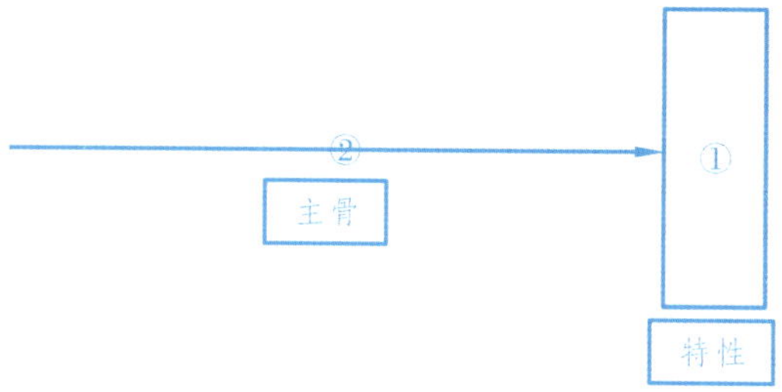

图 2-6　鱼刺图特性和主骨示意

3）大骨和要因

大骨上分类书写 3～6 个要因，用四方框圈起来，具体如图 2-7。

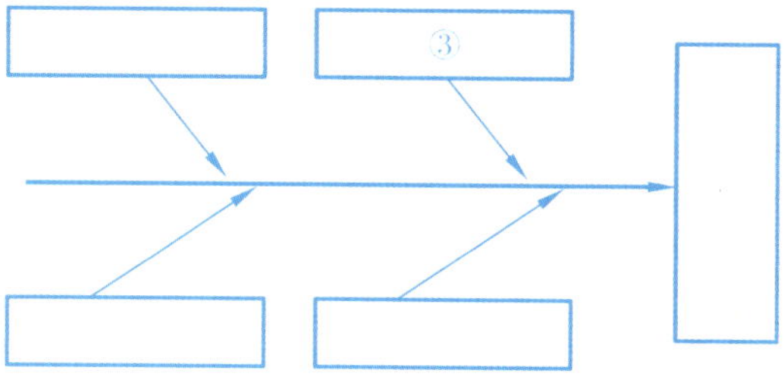

图 2-7　大骨和要因示意

4）中骨、小骨、孙骨。

中骨是事实，小骨要围绕“为什么会那样？”来写，孙骨要更进一步来追查“为什么会那样？”来写，具体结构如图 2-8。

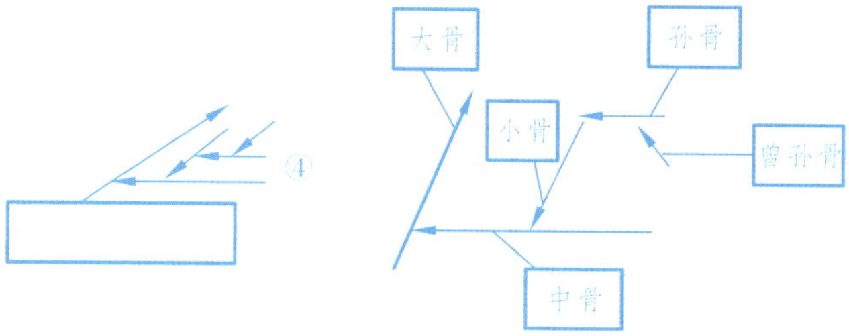

图 2-8　中骨、小骨、孙骨示意

将上面内容逐步完善后写入鱼刺图中制作成完整鱼刺图。

任务实施

【应用 2-9】 刹车导管长度不良形成的鱼刺图分析过程如图 2-9 所示。

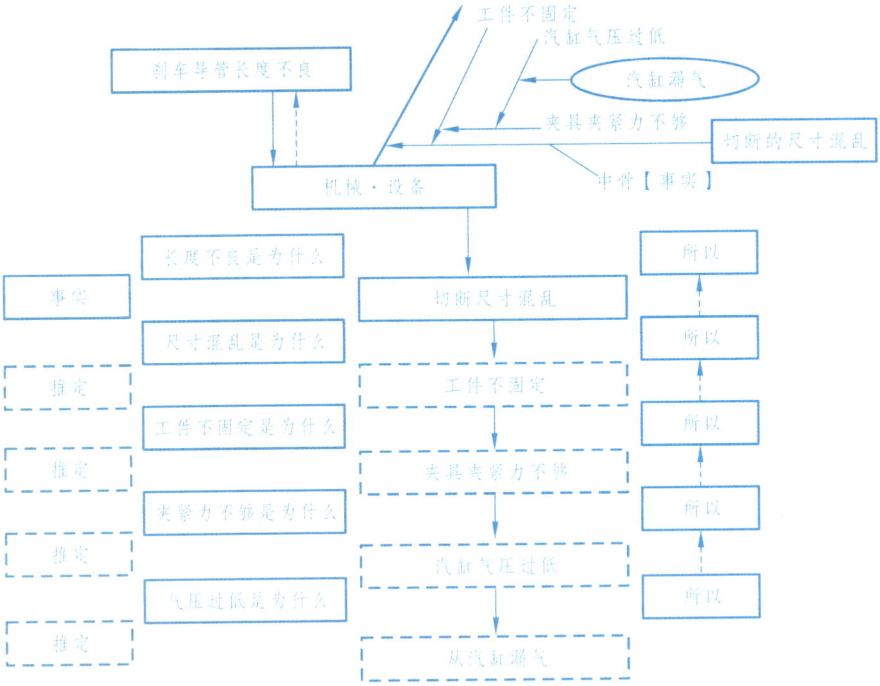

图 2-9　刹车导管长度不良形成原因分析思路

【应用 2-10】　某建筑坍塌事故鱼刺图如图 2-10 所示。请对学生进行分组，将图 2-10 的鱼刺图进一步分析细化，讨论细化后内容的合理性。

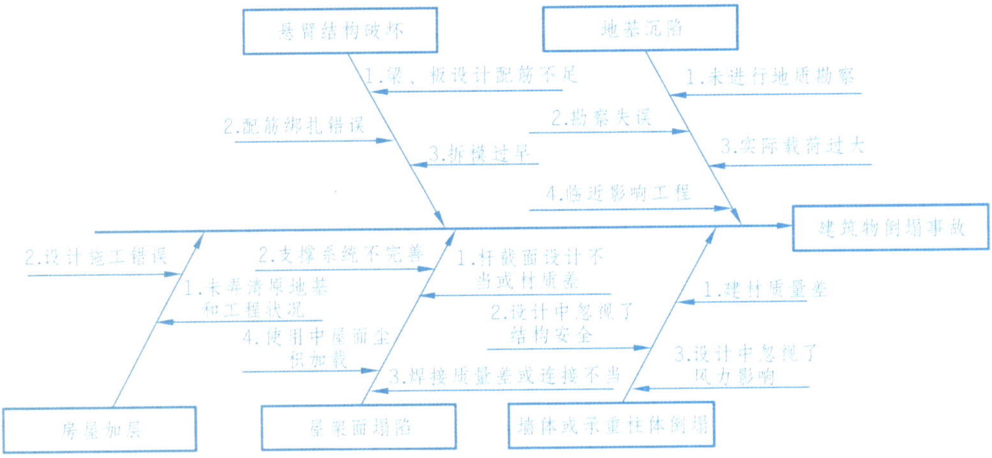

图 2-10　某建筑坍塌事故鱼刺图

【应用 2-11】　请自行编制一个建筑高处坠落鱼刺图，对学生进行分组讨论分析。

练习题

1. 简述鱼刺图的基本概念及原理。
2. 简述鱼刺图的使用步骤。

项目 3　系统安全定量分析方法

定性分析法比较直观，易于操作，但是存在不能将问题定量化、主观性强、精度不够等缺点。本项目主要介绍事故树的定性定量结合分析法，重点介绍了事件树定性定量分析和事故树定性定量分析，要求学生掌握简单的定性定量分析结合的方法。

知识目标

1. 掌握事件树分析法和事故树分析法系统安全定量分析方法的基本概念、原理。
2. 掌握事件树分析法和事故树分析法系统安全定性分析方法在实际案例中的应用。

能力目标

1. 具备运用系统安全分析方法进行定性与定量结合分析的能力。
2. 具备在实际案例中运用系统安全定量分析方法分析的能力。

素质目标

1. 培养系统安全分析的逻辑能力。
2. 培养严谨细致的工作态度。

任务 1　事件树分析法

任务目标

- 熟悉事件树内涵和分析步骤；
- 掌握事件树的实际应用。

任务描述

事件树分析法是从一个初始事件开始，按顺序分析事件向前发展中各个环节成功与失败的过程和结果。它适用于很多工艺系统，运用这种方法可以清楚地了解事故或故障的发展过程，以及如何避免系统失败或事故发生。本任务要求学生能够使用事件树分析实际问题。

知识准备

1. 事件树分析法原理

事件树分析（Event Tree Analysis）是从一个初始事件开始，按顺序分析事件向前发展中各个环节成功与失败的过程和结果。任何一个事故都是由多环节事件发展变化形成的。在事件发展过程中出现的环节事件可能有两种情况，或者成功或者失败。如果这些环节事件都失败或部分失败，就会导致事故发生。

事件树是由决策树演化而来的，最初是用于可靠性分析。它的原理是每个系统都是由若干个元件组成的，每一个元件对规定的功能都存在具有和不具有两种可能。元件具有其规定的功能，表明正常（成功）；不具有规定功能，表明失效（失败）。按照系统的构成顺序，从初始元件开始，由左向右分析各元件成功与失败两种可能，直到最后一个元件为止。分析的过程用图形表示出来，就得到近似水平的树形图。

通过事件树分析，可以把事故发生发展的过程直观地展现出来，如果在事件（隐患）发展的不同阶段采取恰当措施阻断其向前发展，就可达到预防事故的目的。

2. 事件树分析法步骤

1）确定初始事件

初始事件是事件树中在一定条件下造成事故后果的最初原因事件。它可以是系统故障、设备失效、人员误操作或工艺过程异常等。一般是选择分析人员最感兴趣的异常事件作为初始事件。

2）找出与初始事件有关的环节事件

所谓环节事件就是出现在初始事件后一系列可能造成事故后果的其他原因事件。

3）画事件树

把初始事件写在最左边，各种环节事件按顺序写在右面；从初始事件画一条水平线到第一个环节事件，在水平线末端画一垂直线段，垂直线段上端表示成功，下端表示失败；再从垂直线两端分别向右画水平线到下个环节事件，同样用垂直线段表示成功和失败两种状态；依次类推，直到最后一个环节事件为止。如果某一个环节事件不需要往下分析，则水平线延伸下去，不发生分支，如此便得到事件树。

4）说明分析结果

在事件树最后面写明由初始事件引起的各种事故结果或后果。为清楚起见，对事件树的初始时间和各环节事件用不同字母加以标记。

3. 事件树分析法应用举例

（1）一个串联的物料输送系统如图 3-1 所示。

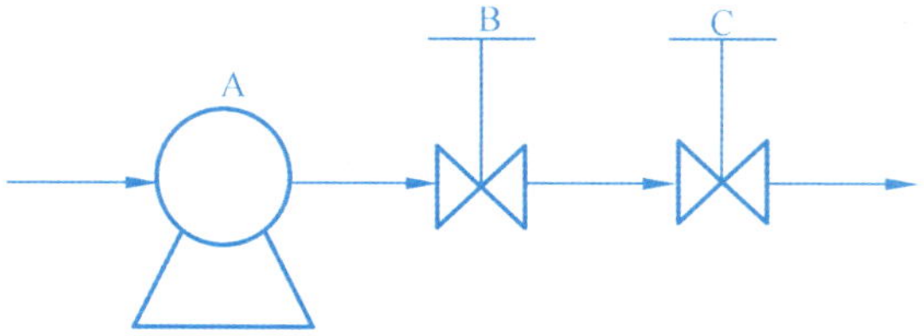

图 3-1　串联系统物料输送

依据上述物料输送系统，编制的事件树如图 3-2 所示。

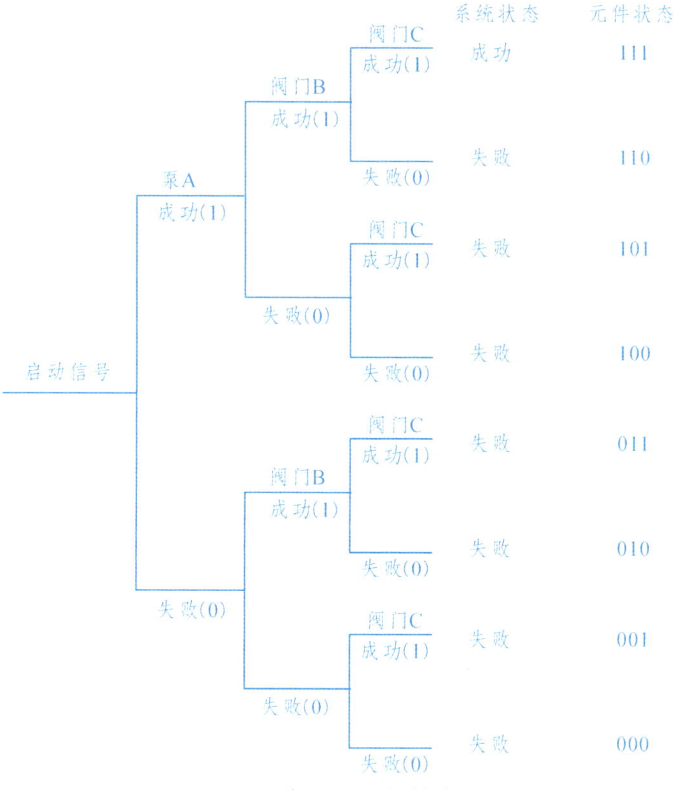

图 3-2　串联系统物料输送

（2）一并联的物料输送系统如图 3-3 所示。

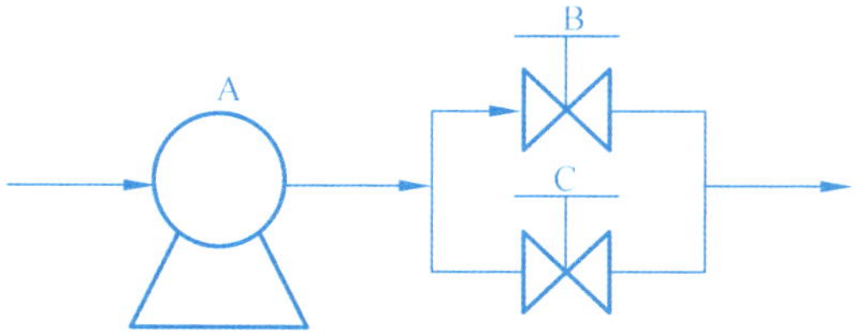

图 3-3　并联系统物料输送系统

依据上述物料输送系统，编制的事件树如图 3-4 所示。

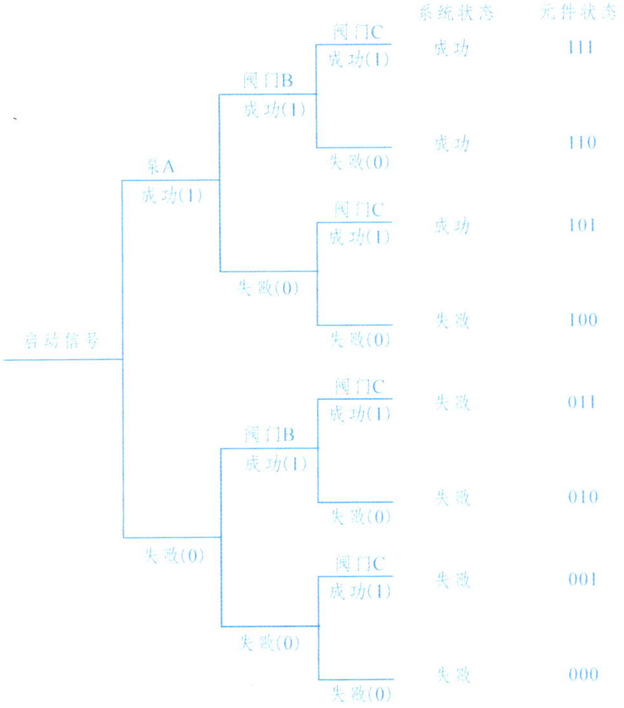

图 3-4　并联系统物料输送系统事件树

4. 事件树的简化

失败概率极低的系统（元件）可以不列入事件树中。当系统已经失败，从物理效果来看，在其后继的各系统不可能减缓后果时，或后继系统已由于前置系统的失败而同时失败，则以后的系统就不必再分支。现分别对图 3-2、图 3-4 进行事件树化简，具体如图 3-5、图 3-6 所示。

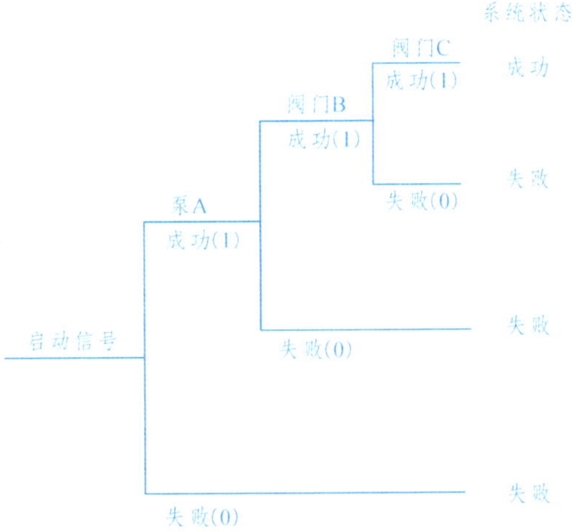

图 3-5　串联系统事故树简化

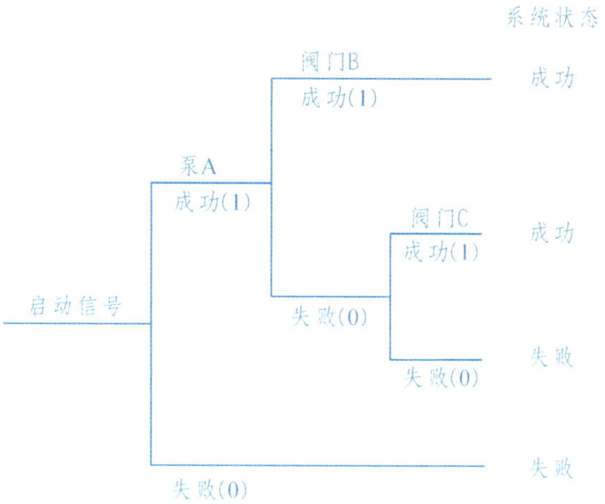

图 3-6　并联系统事件树简化

5. 事件树定量分析

1）串联系统计算

串联系统的可靠度，即成功的概率为

$$P(S)=P(A)\cdot P(B)\cdot P(C) \tag{3-1}$$

系统失败的概率为

$$F(S)=1-P(S) \tag{3-2}$$

若已知

$$P(A)=0.95\text{，}\quad P(B)=P(C)=0.9$$

代入式（3-1）、式（3-2）得

$$P(S)=0.95\times0.9\times0.9=0.769\ 5$$

$$F(S)=1-0.769\ 5=0.230\ 5$$

2）并联系统计算

并联系统的可靠度，即成功的概率为

$$P(S)=P(A)\cdot P(B)+P(A)\cdot[1-P(B)]P(C) \tag{3-3}$$

系统失败的概率为

$$F(S)=1-P(S) \tag{3-4}$$

若已知

$$P(A)=0.95\text{，}\quad P(B)=P(C)=0.9$$

代入式（3-3）、式（3-4）得

$$P(S)=0.95\times0.9+0.95\times[1-0.9]\times0.9=0.940\ 5$$

$$F(S)=1-P(S)=1-0.940\ 5=0.059\ 5$$

3）串联和并联系统的可靠度比较

由上面串联和并联系统的可靠度计算结果可以看出：并联系统的可靠度是串联系统的可靠度的 1.2 倍。

$$0.940\ 5/0.769\ 5=1.2$$

任务实施

【应用 3-1】 物料输送系统如图 3-7，请画出对应事件树。

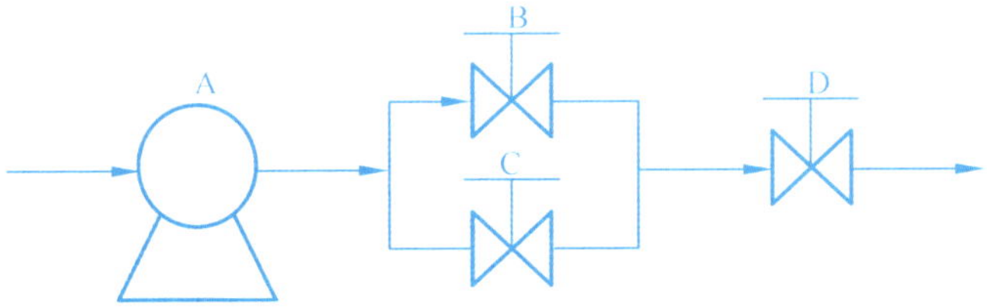

图 3-7 某物料运输系统

【应用 3-2】 绘制行人过马路事件树。

就某一段马路而言，可能有车来往，也可能无车通行。当无车时过马路，当然会顺利通过；若有车，则看你是在车前通过还是在车后通过。若在车后通过，当然也顺利通过；若在车前过，则看你是否有充足的时间。如果有充足的时间，则不会出现车祸，但却很冒险；如果没有充足的时间，则看司机是否采取紧急制动措施或避让措施。若司机没有采取则必然发生撞人事故，导致人员伤亡；若司机采取措施，则取决于制动或避让是否奏效。若奏效，则人幸免于难；若失败，则必然造成人员伤亡。

请根据以上情况建造事件树。

【应用 3-3】 分析并绘制氧化反应釜缺少冷却水事件树。

以氧化反应釜缺少冷却水事件为初始事件，相关的安全功能有如下三种：

（1）当温度达到 T_1 时高温报警器提醒操作者；

（2）操作者增加供给反应釜冷却水量；

（3）当温度达到 T_2 时自动停车系统停止氧化反应。

请根据上述情况编写事件树。

练 习 题

1. 简述事件树分析的定义及原理。
2. 简述事件树分析的步骤。

任务 2　事故树分析法

任务目标

- 熟悉事故树分析法的基本原理。
- 掌握事故树最小割集、最小径集的概念和意义。
- 掌握事故树布尔代数展开式化简方法。
- 掌握等效事故树、成功树的概念和内涵。
- 掌握顶事件概率计算方法。
- 熟悉结构重要度、概率重要度和临界重要的的概念和计算方法。

任务描述

1. 事故树分析法基本原理

事故树分析法（Fault Tree Analysis）是安全系统分析最重要的分析方法，它把系统可能发生的某种事故与导致事故发生的各种原因之间的逻辑关系用一种称为事故树的树形图表示，可以清楚的看出事故发生过程及各种原因，事故树分析法可以做定性分析，也可以做定量分析，可以非常全面的分析出事故的原因、概率等内容，可以有效指导事故预防工作。

2. 事故树的特点

事故树分析法是一种演绎推理法，具有以下特点：

（1）事故树分析是一种图形演绎方法，是事故事件在一定条件下的逻辑推理方法。它可以围绕某特定的事故作层层深入的分析，因而在清晰的事故树图形下，表达系统内各事件间的内在联系，并指出单元故障与系统事故之间的逻辑关系，便于找出系统的薄弱环节。

（2）事故树分析法具有很大的灵活性，不仅可以分析某些单元故障对系统的影响，还可以对导致系统事故的特殊原因如人为因素、环境影响进行分析。

（3）进行事故树分析法的过程，是一个对系统更深入认识的过程，它要求分析人员把握系统内各要素间的内在联系，弄清各种潜在因素对事故发生影响的途径和程度，因而许多问题在分析的过程中就被发现和解决了，从而提高了系统的安全性。

（4）利用事故树模型可以定量计算复杂系统发生事故的概率，为改善和评价系统安全性提供了定量依据。

事故树分析还存在许多不足之处，主要是：事故树分析法需要花费大量的人力、物力和时间；事故树分析法的难度较大，建树过程复杂，需要经验丰富的技术人员参加，即使这样，也难免发生遗漏和错误；事故树分析法只考虑（0，1）状态的事件，而大部分系统存在局部正常、局部故障的状态，因而建立数学模型时，会产生较大误差；事故树分析法虽然可以考虑人的因素，但人的失误很难量化。

3. 事故树的编制

（1）确定事故树的顶事件。确定顶事件是指确定所要分析的对象事件。根据事故调查报告分析其损失大小和事故频率，选择易于发生且后果严重的事故作为事故的顶事件。

（2）调查与顶事件有关的所有原因事件。从人、机、环境和信息等方面调查与事故树顶事件有关的所有事故原因，确定事故原因并进行影响分析。

（3）编制事故树。采用一些规定的符号，按照一定的逻辑关系，把事故树顶事件与引起顶事件的原因事件，绘制成反映因果关系的树形图。

4. 事故树的符号及其意义

事故树采用的符号包括事件符号、逻辑门符号和转移符号三大类。

1）事件及事件符号

在事故树分析中各种非正常状态或不正常情况皆称事故事件，各种完好状态或正常情况皆称成功事件，两者均简称为事件。事故树中的每一个节点都表示一个事件。

（1）结果事件。

结果事件是由其他事件或事件组合所导致的事件，它总是位于某个逻辑门的输出端。用矩形符号表示结果事件，如图 3-8（a）所示。结果事件分为顶事件和中间事件。

① 顶事件是事故树分析中所关心的结果事件，位于事故树的顶端，总是所讨论事故树中逻辑门的输出事件而不是输入事件，即系统可能发生的或实际已经发生的事故结果。

② 中间事件是位于事故树顶事件和底事件之间的结果事件。它既是某个逻辑门的输出事件，又是其他逻辑门的输入事件。

（2）底事件。

底事件是导致其他事件的原因事件，位于事故树的底部，它总是某个逻辑门的输入事件而不是输出事件。底事件又分为基本原因事件和省略事件。

① 基本原因事件。它表示导致顶事件发生的最基本的或不能再向下分析的原因或缺陷事件，用图 3-8（b）中的圆形符号表示。

② 省略事件。它表示没有必要进一步向下分析或其原因不明确的原因事件。另外，省略事件还表示二次事件，即不是本系统的原因事件，而是来自系统之外的原因事件，用图 3-8 中的菱形符号（c）表示。

（3）特殊事件。

特殊事件是指在事故树分析中需要表明其特殊性或引起注意的事件。特殊事件又分为开关事件和条件事件。

① 开关事件，又称正常事件。它是在正常工作条件下必然发生或必然不发生的事件，用图 3-8 中房形符号（d）表示。

② 条件事件是限制逻辑门开启的事件，用图 3-8 中椭圆形符号（e）表示。

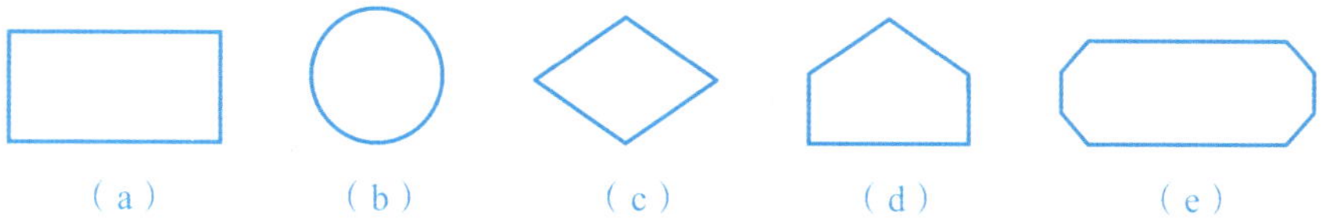

图 3-8　事件符号

2）逻辑门及其符号

逻辑门是连接各事件并表示其逻辑关系的符号。

（1）与门。

与门可以连接数个输入事件 E_1、E_2，…，E_n 和一个输出事件 E，表示仅当所有输入事件都发生时，输出事件 E 才发生的逻辑关系。与门符号如图 3-9（a）所示。

（2）或门。

或门可以连接数个输入事件 E_1，E_2，…，E_n 和一个输出事件 E，表示至少一个输入事件发生时，输出事件 E 就发生。或门符号如图 3-9（b）所示。

（3）非门。

非门表示输出事件是输入事件的对立事件。非门符号如图 3-9（c）所示。

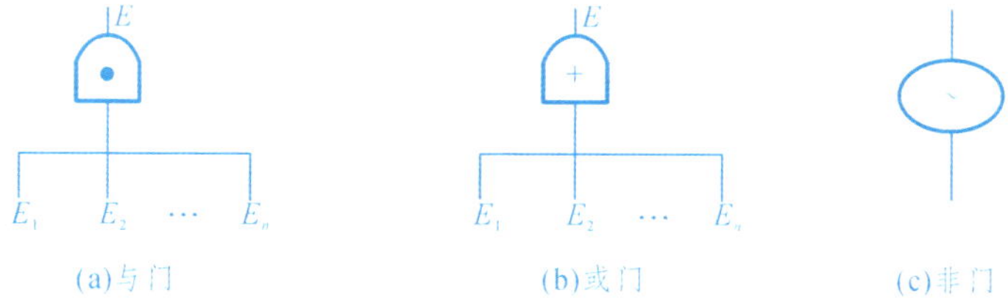

图 3-9　逻辑门符号

（4）特殊门。

① 表决门表示仅当输入事件有 m（$m \leq n$）个或 m 个以上事件同时发生时，输出事件才发生。表决门符号如图 3-10（a）所示。显然，或门和与门都是表决门的特例。或门是 $m=1$ 时的表决门；与门是 $m=n$ 时的表决门。

② 异或门表示仅当单个输入事件发生时，输出事件才发生。异或门符号如图 4-10（b）所示。

③ 禁门表示仅当条件事件发生时，输入事件的发生方导致输出事件的发生。禁门符号如图 3-10（c）所示。

④ 条件与门表示输入事件不仅同时发生，而且还必须满足条件 A，才会有输出事件发生。条件与门符号如图 3-10（d）所示。

⑤ 条件或门表示输入事件中至少有一个发生，在满足条件 A 的情况下，输出事件才发生。条件或门符号如图 3-10（e）所示。

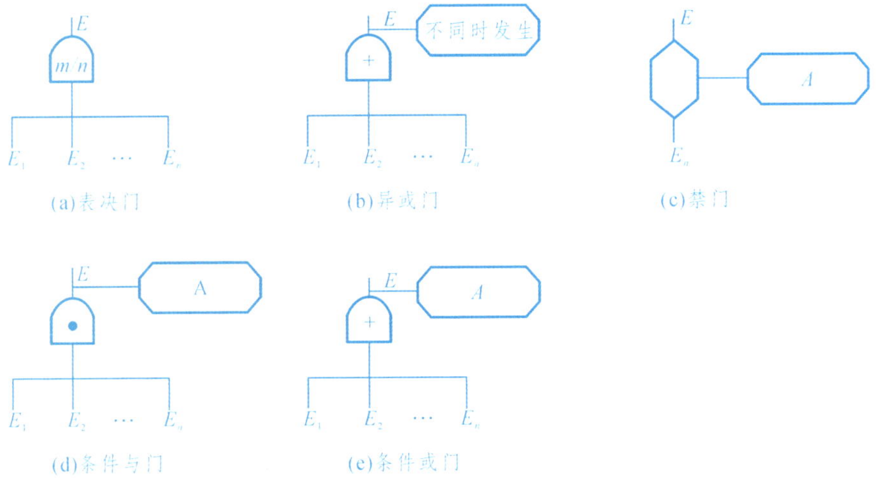

图 3-10　特殊门符号

3）转移符号

转移符号如图 3-11 所示。转移符号的作用是表示部分事故树图的转入和转出。当事故树规模很大或整个事故树中多处包含有相同的部分树图时，为了简化整个树图，便可用转入[图 3-11（a）]和转出符号[图 3-11（b）]。

图 3-11　转移符号

5. 事故树绘制方法

1）选好顶上事件

对安全构成威胁的事件——造成人员伤亡，导致设备财产的重大损失（火灾、爆炸、中毒、严重污染等）；妨碍完成任务的事件——系统停工，或丧失大部分功能；严重影响经济效益的事件——通讯线路中断、交通停顿等。

2）逐级绘制事故树

以对油库静电爆炸进行事故分析为例绘制事故树。具体步骤如下：

（1）确定顶上事件——油库静电爆炸。

（2）调查爆炸的直接原因事件、事件的性质和逻辑关系。直接原因事件——静电火花和油气达到可燃浓度。这两个事件不仅要同时发生，而且必须在油气浓度达到爆炸极限时，爆炸事件才会发生，因此，用条件与门连接。

（3）静电火花的直接原因——油库静电放电和人体静电放电，其中有一个发生，则静电火花事件就会发生，用或门连接。

（4）油气达到可燃浓度的直接原因——油气存在和库区内通风不良。前者是一个正常状态下的正常功能事件，用房形符号；后者为基本事件，两者只有同时发生，油气达到可燃浓度事件才能发生，故用与门连接。

（5）油库静电放电的直接原因——静电积累和接触不良，两者是与门关系。

（6）人体静电放电的直接原因——化纤品与人体摩擦和作业中与导体接近，两者是与门关系。

（7）静电积累的直接原因——油液流速高、管道内碧粗糙、高速抽水、油液冲击金属容器、飞溅油液与空气摩擦、油面有金属漂浮物和测量操作失误，其中有一个发生，就会发生静电积累，因此，用或门连接。

（8）接地不良的直接原因——未设防静电接地装置、接地电阻不符合要求和接地线损坏，三者为或门关系。

（9）测量操作失误的直接原因——器具不符和标准、静置时间不够，两者为或门关系。

故油库静电爆炸事故树如图 3-12 所示。

6. 事故树定性分析

事故树定性分析是根据事故树求取其最小割集或最小径集，确定顶事件发生的事故模式、原因及其对顶事件的影响程度，为经济有效地采取预防对策和控制措施，防止同类事故发生提供科学依据。

1）布尔代数规则

布尔代数用于集的运算与普通代数运算法则不同，它可用于事故树分析。布尔代数可以帮助我们将事件表达为另一些基本事件的组合，将系统失效表达为基本元件失效的组合。演算这些方程即可求出导致系统失效的元件失效组合（即最小割集），进而根据元件失效概率，计算出系统失效的概率。

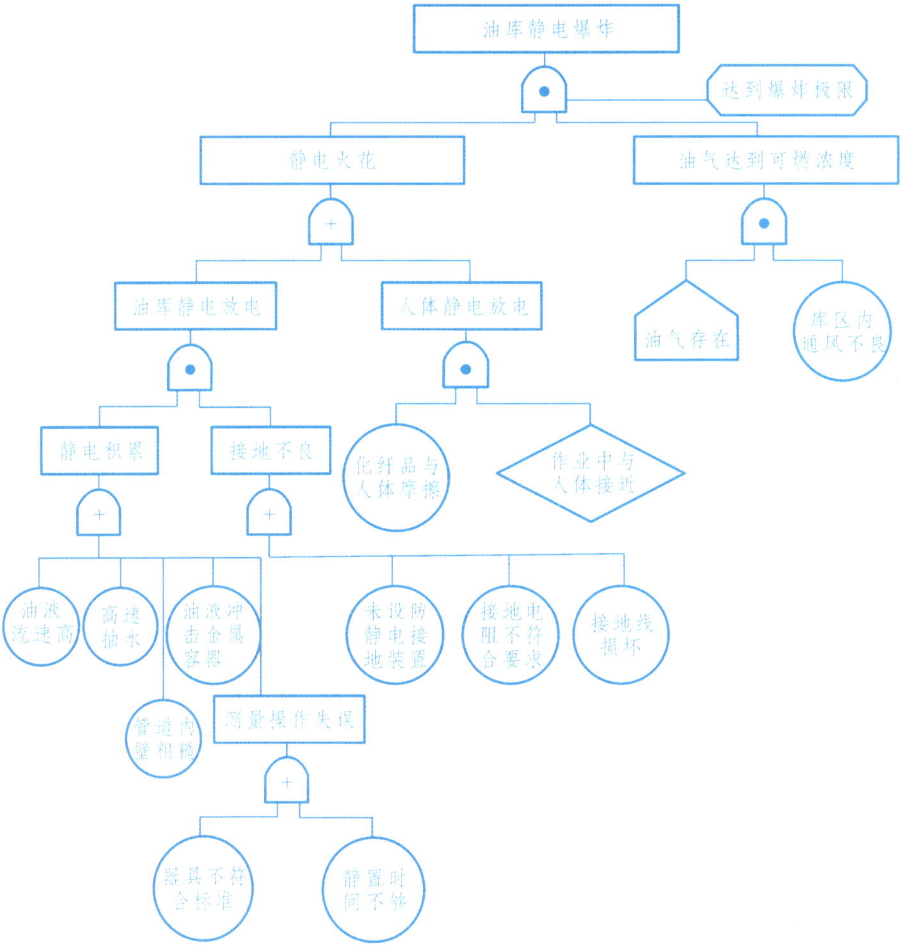

图 3-12　油库静电爆炸事故树

布尔代数规则如下（X、Y 代表两个集合）：

（1）交换律　$X \cdot Y = Y \cdot X$

$X + Y = Y + X$

（2）结合律　$X \cdot (Y \cdot Z) = (X \cdot Y) \cdot Z$

$X + (Y + Z) = (X + Y) + Z$

（3）分配律　$X \cdot (Y + Z) = X \cdot Y + X \cdot Z$

$X + (Y \cdot Z) = (X + Y) \cdot (X + Z)$

（4）吸收律　$X \cdot (X + Y) = X$

$X + (X \cdot Y) = X$

（5）互补律　　$X+X'=1$

$X\cdot X'=\varnothing$（$\varnothing$表示空集）

（6）幂等律　　$X\cdot X=X$

$X+X=X$

（7）狄摩根定律　（$X\cdot Y$）$'=X'+Y'$

（$X+Y$）$'=X'\cdot Y'$

（8）对合律　　（X'）$'=X$

（9）重叠律　　$X+X'Y=X+Y=Y+Y'X$

2）事故树的数学描述——事故树的结构函数

假定系统由 n 个单元组成，且下列二值变量 x_i 对应于各单元的状态为：

$$x_i=\begin{cases}1，\text{表示单元发生(即元、部件故障)}\\0，\text{表示单元不发生(即元、部件正常)}\end{cases}\quad(i=1,2,\cdots,n)$$

同样，系统的状态变量用 $\varPhi$ 表示，则

$$\varPhi=\begin{cases}1，\text{表示顶上事件发生}\\0，\text{表示顶上事件不发生}\end{cases}$$

$\varPhi$ 取决于单元状态（x_i），记为

$$\varPhi(x_i)=\varPhi(x_1,\ x_2,\cdots,x_n)$$

$\varPhi(x_i)$ 称为系统的结构函数，这种函数表达式用布尔代数进行表示。

3）简单系统的结构函数

（1）如图 3-13 可以写出与门的结构函数表达式。

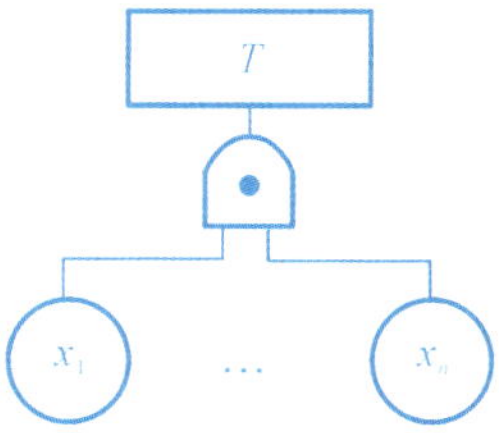

图 3-13　与门事故树

$$\varPhi(x)=\prod_{i=1}^{n}x_i=x_1x_2\cdots x_n=\min(x_1,x_2,\cdots,x_n)$$

（2）如图 3-14 可以写出或门的结构函数表达式。

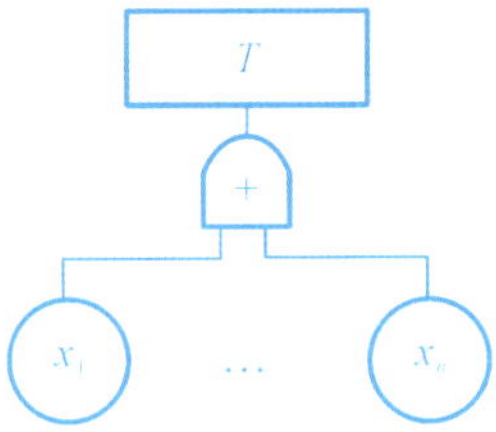

图 3-14　或门事故树

$$\Phi(x)=1-\prod_{i=1}^{n}(1-x_i)=1-(1-x_1)(1-x_2)\cdots(1-x_n)$$
$$=\max(x_1,x_2,\cdots,x_n)$$

依据上述计算，可写出图 3-15 结构函数表达式。

$$\Phi(x)=M_1+M_2=M_3M_4+x_5x_6x_7$$
$$=(x_1+x_2)(x_3+x_4)+x_5x_6x_7$$
$$=x_1x_3+x_2x_3+x_1x_4+x_2x_4+x_5x_6x_7$$

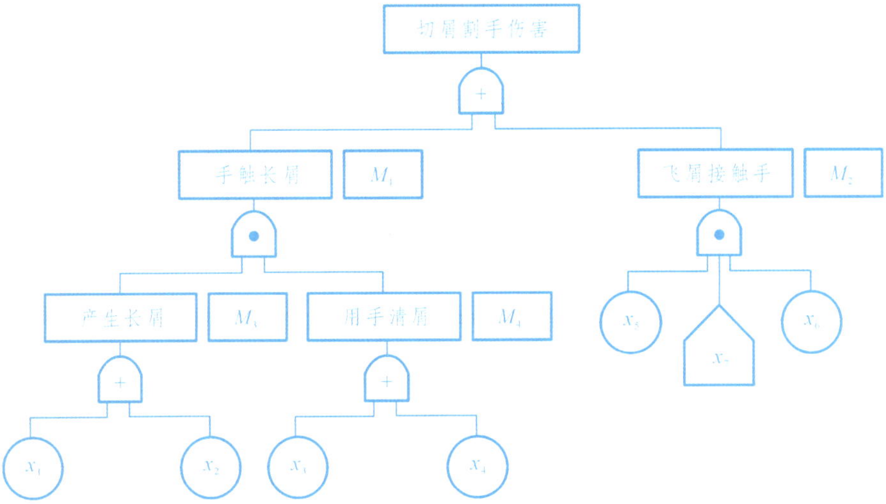

x_1—无断屑装置；x_2—刀具角度不合理；x_3—无清屑工具；x_4—未用清屑工具；x_5—躲避不及；x_6—车屑甩出；x_7—车头旋转。

图 3-15　切屑割手事故树

4）利用布尔代数化简事故树

可以利用布尔代数对事故书进行化简，特别是在事故树的不同部位存在有相同的基本事件时，必须用布尔代数进行整理化简，然后才能进行定性、定量分析，否则就可能造成分析错误。

如图 3-16 的事故树，设顶上事件为 T，中间事件为 M_i，基本事件为 x_1，x_2，x_3，若其发生概率均为 0.1，即 $q_1=q_2=q_3=0.1$，求顶上事件的发生概率。

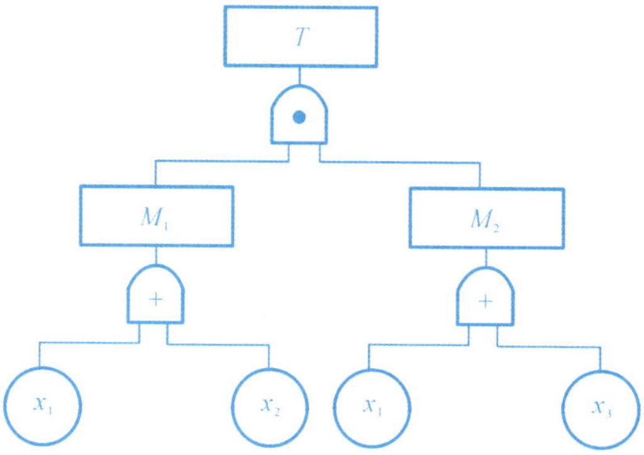

图 3-16　事故树示意图

根据事故树的逻辑关系，可写出其结构式如下：

$$T=M_1M_2=(x_1+x_2)x_1x_3$$

按独立事件的概率和与积的计算公式，顶上事件的发生概率为：

$$\begin{aligned}Q_1&=[1-(1-q_1)(1-q_2)]q_1q_3\\&=[1-(1-0.1)(1-0.1)]0.1\times0.1\\&=0.001\ 9\end{aligned}$$

上例中基本事件 x_1 有重复，需要利用布尔代数对上述结构式进行整理、化简，则

$$\begin{aligned}T&=(x_1+x_2)x_1x_3\\&=(x_1x_3x_1+x_1x_3x_2)\\&=x_1x_3+x_1x_2x_3\\&=x_1x_3\end{aligned}$$

故其顶上事件发生的正确概率为：

$$Q=q_1q_3=0.01$$

5）等效事故树

将事故树化简后按照化简表达式画出的事故树叫做事故树的等效事故树。

例如图 3-17，可以将图（a）的事故树画为图（b）的等效事故树。

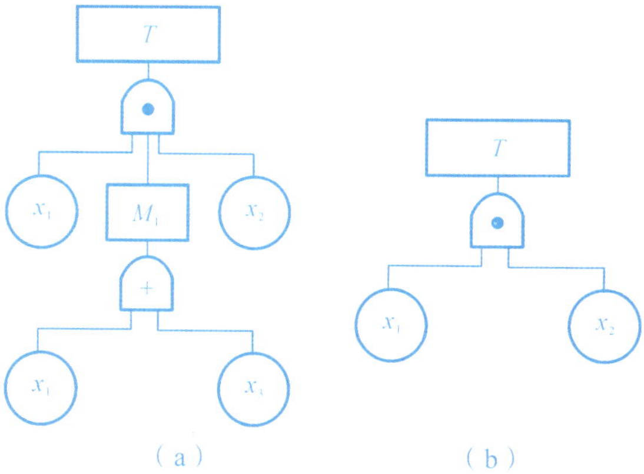

图 3-17　事故树及其等效事故树

6）最小割集

割集是导致顶上事件发生的基本事件的集合。最小割集就是引起顶上事件发生必须的最低限度的割集。最小割集的求取方法有行列式法、布尔代数法等。现在，已有计算机软件求取最小割集和最小径集。以下简要介绍布尔代数化简法。

布尔代数化简法也叫逻辑化简法，其方法是根据布尔代数运算及化简法则来进行，实践表明，事故树经过化简得到若干交集的并集，每个交集就是一个最小割集。

如图 3-18 所示，求事故树的最小割集。

$$
\begin{aligned}
T &= A_1 + A_2 \\
&= x_1x_2A_3 + x_4A_4 \\
&= x_1\,x_2\,(x_1 + x_3) + x_4\,(x_5 + x_6) \\
&= x_1\,x_2A_1 + x_1x_2A_3 + x_4x_5 + x_4x_6 \\
&= x_1x_2 + x_4x_5 + x_4x_6
\end{aligned}
$$

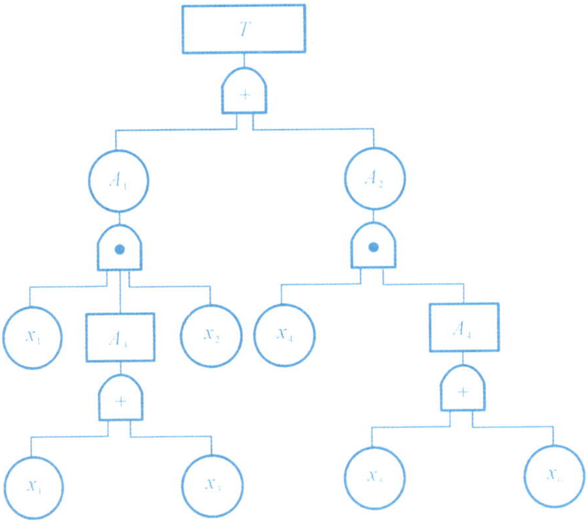

图 3-18　事故树示意

所以最小割集为$\{x_1, x_2\}$，$\{x_4, x_5\}$，$\{x_4, x_6\}$。结果得到 3 个交集的并集，这 3 个交集就是 3 个最小割集 $E_1 = \{x_1, x_2\}$，$E_2 = \{x_4, x_5\}$，$E_3 = \{x_4, x_6\}$。用最小割集表示事故树的等效图如图 3-19。

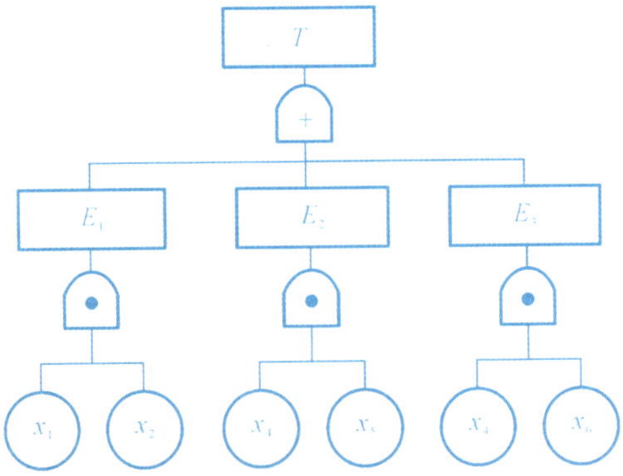

图 3-19　等效事故树

7）最小径集及其求法

如果事故树中某些基本事件不发生，则顶上事件就不发生，这些基本事件的集合称为径集。最小径集就是顶上事件不发生所需的最低限度的径集。

最小径集的求法是利用它与最小割集的对偶性。首先作出与事故树对偶的成功树，即把原来事故树的与门换成或门，而或门换成与门，各类事件发生换成不发生，利用上述方法求出成功树的最小割集，再转化为事故树的最小径集。

例：将上例中事故树变为成功树

用 T'、A_1'、A_2'、A_3'、A_4'、x_1'、x_2'、x_3'、x_4'、x_5'、x_6' 表示事件 T、A_1、A_2、A_3、A_4、x_1、x_2、x_3、x_4、x_5、x_6 的补事件，即成功事件，逻辑门作相应转换。

用布尔代数化简法求成功树的最小割集：

$$
\begin{aligned}
T &= A_1' \cdot A_2' \\
&= (x_1' + A_3' + x_2') \cdot (x_4' + A_4') \\
&= (x_1' + x_2' + x_1'x_3') \cdot (x_4' + x_5'x_6') \\
&= (x_1' + x_2') \cdot (x_4' + x_5'x_6') \\
&= x_1'x_4' + x_1'x_5'x_6' + x_2'x_4' + x_2'x_5'x_6'
\end{aligned}
$$

成功树的最小割集：

$$\{x_1', x_4'\}\{x_1', x_5', x_6'\}\{x_2', x_4'\}(x_2', x_5', x_6')$$

即事故树的最小径集：

$$P_1 = \{x_1,\ x_4\};\ P_2 = \{x_1,\ x_5,\ x_6\}$$

$$P_3 = \{x_2,\ x_4\};\ P_4 = \{x_2,\ x_5,\ x_6\}$$

8）最小割集和最小径集在事故树分析中的应用

（1）最小割集表示系统的危险性。

求出最小割集可以掌握事故发生的各种可能，了解系统的危险性。

每个最小割集都是顶上事件发生的一种可能，有几个最小割集，顶上事件的发生就有几种可能，最小割集越多，系统越危险。从最小割集能直观地、概略地看出，哪些事件发生最危险，哪些稍次，哪些可以忽略，以及如何采取措施，使事故发生概率下降。

例：共有三个最小割集 $\{x_1\}$、$\{x_2,\ x_3\}$、$\{x_4,\ x_5,\ x_6,\ x_7,\ x_8\}$，如果各基本事件的发生概率都近似相等的话，一般地说，一个事件的割集比两个事件的割集容易发生，五事件割集发生的概率更小，完全可以忽略。

因此，为了提高系统的安全性，可采取技术、管理措施以便使少事件割集增加基本事件。

就以上述三个最小割集的事故树为例。可以给一事件割集 $\{x_1\}$ 增加一个基本事件 x_9，例如：安装防护装置或采取隔离措施等，使新的割集为 $\{x_1、x_9\}$。这样就能使整个系统的安全性提高若干倍，甚至几百倍。若不从少事件割集入手，采取的措施收效就不大。

假设上述例中各事件概率都等于 0.01，即 $q_1=q_2=q_3=q_4=q_5=q_6=q_7=q_8=q_9=0.01$。在未增加 x_9 以前顶上事件发生的概率约为 0.010 1，而增加 x_9 后概率近似为 0.000 2，使系统安全性提高了 50 倍，在可靠性设计中常用的冗长技术就是这个道理。注意，以上是各事件概率相等时采取的措施。采取防灾措施必须考虑概率因素，若 x_1 的发生概率极小，就不必考虑 $\{x_1\}$ 了。

（2）最小径集表示系统的安全性。

求出最小径集可以了解到，要使顶上事件不发生有几种可能的方案，从而为控制事故提供依据。

一个最小径集中的基本事件都不发生，就可使顶上事件不发生。事故树中最小径集越多，系统就越安全。从用最小径集表示的事故树等效图可以看出，只要控制一个最小径集不发生，顶上事件就不发生，所以可以选择控制事故的最佳方案，一般地说，对少事件最小径集加以控制较为有利。

（3）利用最小割集、最小径集进行结构重要度分析。

（4）利用最小割集、最小径集进行定量分析和计算顶上事件的概率等。

9）结构重要度概念

结构重要度分析，就是不考虑基本事件发生的概率是多少，仅从事故树结构上分析各基本事件的发生对顶上事件的影响程度。

事故树是由众多基本事件构成的，这些基本事件对顶上事件均产生影响，但影响程度是不同的，在制定安全防范措施时必须有个先后次序、轻重缓急，以便使系统达到经济、有效、安全的目的。结构重要度分析虽然是一种定性分析方法，但在目前缺乏定量分析数据的情况下，这种分析显得很重要。

结构重要度分析方法归纳起来有两种：第一种是计算出各基本事件的结构重要系数，将系数由大到小排列得各基本事件的重要顺序；第二种是用最小割集和最小径集近似判断各基本事件的结构重要系数的大小，并排列次序。

（1）结构重要系数求取。

下面介绍结构重要系数的求取方法。假设某事故树有几个基本事件，每个基本事件 x 的状态都有两种：

$$x_i=\begin{cases}1,\ \text{基本事件}x_i\text{发生}\\0,\ \text{基本事件}x_i\text{不发生}\end{cases}\quad i=1,2,\cdots,n$$

$$\Phi=\begin{cases}1,\ \text{顶上事件发生}\\0,\ \text{顶上事件不发生}\end{cases}\quad i=1,2,\cdots,n$$

已知顶上事件是基本事件的状态函数，顶上事件的状态用 Φ 表示，即 $\Phi(x)=\Phi(x_1, x_2, x_3, \cdots, x_n)$，则 $\Phi(x)$ 也有两种状态：

$\Phi(x)$ 叫作事故树的结构函数。

在其他基本事件状态都不变的情况下，基本事件 x_i 的状态从 0 变到 1，顶上事件的状态变化有以下三种情况：

① 由 $\Phi(0_i, x)=0 \rightarrow \Phi(1_i, x)=0$，则有 $\Phi(1_i, x)-\Phi(0_i, x)=0$，即不管基本事件是否发生，顶上事件都不发生；

② 由 $\Phi(0_i, x)=0 \rightarrow \Phi(1_i, x)=1$，则有 $\Phi(1_i, x)-\Phi(0_i, x)=1$，即顶上事件状态随基本事件状态的变化而变化；

③ 由 $\Phi(0_i, x)=1 \rightarrow \Phi(1_i, x)=1$，则有 $\Phi(1_i, x)-\Phi(0_i, x)=0$，即不管基本事件是否发生，顶上事件也都不发生。

上述三种情况，只有第二种情况是基本事件发生 x_i 发生，顶上事件也发生。这说明 x_i 事件对事故发生起着重要作用，这种情况越多，x_i 的重要性就越大。

对由 n 个基本事件构成的事故树，n 个基本事件两种状态的组合数为 2^n 个。把其中一个事件 x_i 作为变化对象（从 0 变到 1），其他基本事件的状态保持不变的对照组共有 2^{n-1} 个。在这些对照组中属于第二种情况[$\Phi(1_i, x)-\Phi(0_i, x)=1$]所占的比例即是 x_i 事件的结构重要系数，用 $I_\Phi(i)$ 表示。可以用下式求得：

$$I_\Phi(i)=\frac{1}{2^{n-1}}\sum[\Phi(1_i,x)-\Phi(0_i,x)]$$

以图 3-20 事故树的结构重要度为例。

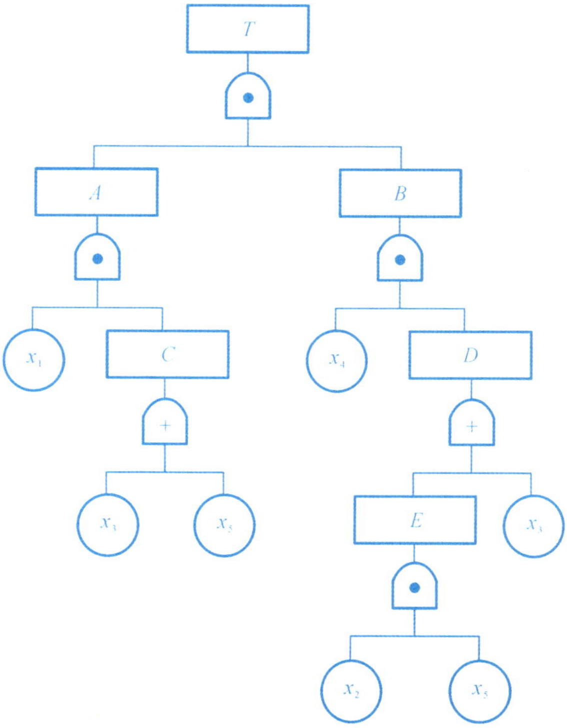

图 3-20　事故树

图 3-20 所示的事故树有 5 个基本事件，按照二进制列出所有基本事件两种状态的组合数，共有 $2^5=32$ 个，这些组合列于表 3-1。为便于对照，将 32 组分左右两部分各占 16 组，然后根据事故树图或最小割集确定 $\Phi(0_i,x)$ 和 $\Phi(1_i,x)$ 的值，以 0 和 1 两种状态表示。

由表可见，x_1 在左半部的状态值都为 0，右半部都为 1，右半部和左半部对应找出 $\Phi(1_i,x)-\Phi(0_i,x)=1$ 的组合，共有 7 个，因此，基本事件 x_1 的结构重要度系数为

$$I_\Phi(1)=\frac{7}{2^{5-1}}=\frac{7}{16}$$

表 3-1 基本事件状态值与顶上事件状态值

x_1	x_2	x_3	x_4	x_5	$\Phi(0_i,x)$	x_1	x_2	x_3	x_4	x_5	$\Phi(1_i,x)$
0	0	0	0	0	0	1	0	0	0	0	0
0	0	0	0	1	0	1	0	0	0	1	1
0	0	0	1	0	0	1	0	0	1	0	0
0	0	0	1	1	0	1	0	0	1	1	1
0	0	1	0	0	0	1	0	1	0	0	1
0	0	1	0	1	0	1	0	1	0	1	1
0	0	1	1	0	1	1	0	1	1	0	1
0	0	1	1	1	1	1	0	1	1	1	1
0	1	0	0	0	0	1	1	0	0	0	0
0	1	0	0	1	0	1	1	0	0	1	1
0	1	0	1	0	0	1	1	0	1	0	0
0	1	0	1	1	1	1	1	0	1	1	1
0	1	1	0	0	0	1	1	1	0	0	1
0	1	1	0	1	0	1	1	1	0	1	1
0	1	1	1	0	1	1	1	1	1	0	1
0	1	1	1	1	1	1	1	1	1	1	1

基本事件 x_2 在表 3-1 中左右两侧，其状态值都分成上下两部分，每部分 8 组，在同一侧上下部分对照找出 $\Phi(1_2,x)-\Phi(0_2,x)=1$ 的组合，只有 1 个，故有

$$I_\Phi(2)=1/16$$

同理可得出

$$I_\Phi(3)=7/16$$

$$I_\Phi(4)=5/16$$

$$I_\Phi(5)=5/16$$

按各基本事件 $I(1)$ 值的大小排列起来，其结果为

$$I_\Phi(1)=I_\Phi(3)>I_\Phi(4)=I_\Phi(5)>I_\Phi(2)$$

用计算基本事件结构重要系数的方法进行结构重要度分析，其结果较为精确，但很烦琐。特别当事故树比较庞大、基本事件个数比较多时，要排列为 2^n 个组合是很困难的，有时即使是使用计算机也难以进行。

（2）结构重要度分析。

结构重要度分析的另一种方法是用最小割集或最小径集近似判断各基本事件的结构重要系数。这种方法的精确度虽然比采用求结构重要系数法要差一些，但操作简便，所以应用较多。用最小割集或最小径集近似判断结构重要系数的方法也有几种，这里只做简要介绍。

① 单事件最小割（径）集中基本事件结构重要系数最大。

例如，某事故树有 3 个最小径集：

$$P_1=\{x_1\},\ P_2=\{x_2,\ x_3\},\ P_3=\{x_4,\ x_5,\ x_6\}$$

第一个最小径集只含一个基本事件 x_1，按此原则 x_1 的结构重要系数最大。

$$I_\Phi(1)>I_\Phi(i)\qquad i=2,\ 3,\ 4,\ 5$$

② 仅出现在同一个最小割（径）集中的所有基本事件结构重要系数相等。

例如，上述事故树 x_2，x_3 只出现在第二个最小径集，在其他最小径集中都未出现，所以 $I_\Phi(2)=I_\Phi(3)$，同理有 $I_\Phi(4)=I_\Phi(5)=I_\Phi(6)$。

③ 仅出现在基本事件个数相等的若干个最小割（径）集中的各基本事件结构重要系数依出现次数而定，即出现次数少，其结构重要系数小；出现次数多，其结构重要系数大；出现次数相等，其结构重要系数相等。

例如，某事故树有 3 个最小割集：

$$K_1=\{x_1,\ x_2,\ x_3\},\ K_2=\{x_1,\ x_3,\ x_4\},\ K_3=\{x_1,\ x_4,\ x_5\};$$

此事故树有 5 个基本事件，都出现在含有 3 个基本事件的最小割集中。x_1 出现 3 次，x_3，x_4 出现 2 次，x_2，x_5 只出现 1 次，按此原则

$$I_\Phi(1)>I_\Phi(3)=I_\Phi(4)>I_\Phi(5)=I_\Phi(2)$$

④ 两个基本事件出现在基本事件个数不等的若干个最小割（径）集中，其结构重要系数依情况而定：

——若它们在各最小割（径）集中重复出现的次数相等，则在少数事件最小割（径）集中出现的基本事件结构重要系数大。

例如，某事故树有 4 个最小割集：

$$K_1=\{x_1,\ x_3\},\ K_2=\{x_1,\ x_4\},\ K_3=\{x_2,\ x_4,\ x_5\},\ K_4=\{x_2,\ x_5,\ x_6\}$$

x_1，x_2 2 个基本事件都出现 2 次，但 x_1 所在的 2 个最小割集都含有 2 个基本事件，而 x_2 所在的 2 个最小割集都含有 3 个基本事件，所以 I_Φ（1）> I_Φ（2）。

——若它们在少事件最小割（径）集中出现次数少，在多事件最小割（径）集中出现次数多，以及其他更为复杂的情况，可用下列近似判别式计算：

$$\sum I(i)=\sum\frac{1}{2^{n_j-1}}$$

式中　I（i）——基本事件 x_i 结构重要系数的近似判别值，I_Φ（i）大则 I（i）也大；

$x_i \in K_j$——其中事件 x_i 属于 K_j 最小割（径）集；

n_j——基本事件 x_i 所在最小割（径）集中包含基本事件的个数。

假设某事件树共有 5 个最小径集：

$$P_1=\{x_1,\ x_3\},\ P_2=\{x_1,\ x_4\},\ P_3=\{x_2,\ x_4,\ x_5\},$$

$$P_4=\{x_2,\ x_5,\ x_6\},\ P_5=\{x_2,\ x_6,\ x_7\}$$

基本事件 x_1 与 x_2 比较，x_1 出现 2 次，但所在的 2 个最小径集都含有 2 个基本事件；x_2 出现 3 次，所在的 3 个最小径集都含有 3 个基本事件，根据这个原则判断：

$$I(1)=\frac{1}{2^{2-1}}+\frac{1}{2^{2-1}}=1$$

$$I(2)=\frac{1}{2^{3-1}}+\frac{1}{2^{3-1}}+\frac{1}{2^{3-1}}=\frac{3}{4}$$

由此可知 I_Φ（1）> I_Φ（2）。

利用上述四条原则判断基本事件结构重要系数大小时，必须从第一至第四条按顺序进行，不能单纯使用近似判别式，否则会得到错误的结果。

用最小割集或最小径集判断基本事件结构重要顺序其结果应该是一样的，选用哪一种要视具体情况而定。一般来说，最小割集和最小径集哪一种数量少就选哪一种，这样对包含的基本事件容易比较。例如，图 3-20 事故树含 4 个最小割集：

$$K_1=\{x_1,\ x_3\},\ K_2=\{x_1,\ x_5\},\ K_3=\{x_3,\ x_4\},\ K_4=\{x_2,\ x_4,\ x_5\}$$

3 个最小径集：

$$P_1=\{x_1,\ x_4\},\ P_2=\{x_1,\ x_2,\ x_3\},\ P_3=\{x_3,\ x_5\}$$

显然用最小径集比较各基本事件的结构重要顺序比用最小割集方便。

根据以上四条原则判断：x_1，x_3 都各出现 2 次，且 2 次所在的最小径集中基本事件个数相等，所以 I_Φ（1）= I_Φ（3），x_2，x_4，x_5 都各出现 1 次，但 x_2 所在的最小径集中基本事件个数比 x_4，x_5 所在最小径集的基本事件个数多，故 I_Φ（4）= I_Φ（5）> I_Φ（2），由此得各基本事件的结构重要顺序为：

$$I_\Phi(1)=I_\Phi(3)>I_\Phi(4)=I_\Phi(5)>I_\Phi(2)$$

在这个例子中，近似判断法与精确计算各基本事件结构重要系数方法的结果是相同的。分析结果说明：仅从事故树结构来看，基本事件 x_1 和 x_3 对顶上事件发生影响最大，其次是 x_4 和 x_5，x_2 对顶上事件影响最小。据此，在制定系统防灾对策时，首先要控制住 x_1 和 x_3 这两个危险因素，其次是 x_4 和 x_5，对 x_2 要根据情况而定。

基本事件的结构重要顺序排出后，也可以作为制定安全检查表，找出日常管理和重点控制的依据。

7. 事故树的定量计算

事故树定量分析包括顶上事件发生概率计算、概率重要度及临界重要度计算。

1）事故树顶上事件发生概率计算

（1）逐级向上推算法（该法只适用于没有重复基本事件的情况）。

① 当各基本事件均是独立事件时，凡是与门连接的地方，可用几个独立事件逻辑积的概率计算公式计算：

$$Q(T)=\prod_{i=1}^{n} q_i$$

② 当各基本事件均是独立事件时，凡是或门连接的地方，可用几个独立事件的逻辑和的概率计算公式计算：

$$Q(T)=\coprod_{i=1}^{n} q_i = 1-\prod_{i=1}^{n}(1-q_i)$$

（2）利用最小割集计算顶上事件的发生概率。

在事故树的定性分析中，我们已叙述了最小割集的概念和计算方法，这里仅介绍应用最小割集求解顶上事件发生概率的方法。

假定事故树有，一个最小割集 K_j，则对于各最小割集可定义如下函数：

$$K_j(x)=\prod_{x_i\in K_j} x_i$$

式中　i——基本事件序数；

j——最小割集序数；

$x_i\in K_j$——第 i 个基本事件属于第 j 个最小割集。

由于最小割集与基本事件是用与门连接，而顶上事件 T 与最小割集是用或门连接，所以结构函数树为

$$\Phi(x)=\coprod_{j=1}^{r} K_j(x_i)=\coprod_{j=1}^{r}\prod_{x_i\in K_j} x_i$$

式中　r——最小割集的个数。

这个结构函数 $\Phi(x)$ 实际表示了用或门连接着 r 个最小割集的事故树。

由于基本事件 x_1 发生的概率 q_i 是 $x_1=1$ 的概率，顶上事件的发生概率 Q（T）是 $\Phi(x)=1$ 的概率，所以，如果在各最小割集中没有重复的基本事件，且各基本事件相互独立时，则顶上事件的发生概率函数可以表示为

$$Q(T)=\coprod_{j=1}^{r}\prod_{x_i\in K_j}q_i \tag{3-5}$$

如果事故树的各最小割集中有重复事件，则式（3-5）不能成立。这时须将上式展开，按布尔代数等幂解消去每个概率因子中的重复因子，方可计算。

计算各最小割集彼此有重复事件的一般公式为

$$Q(T)=\sum_{j=1}^{r}\prod_{x_i\in K_j}q_i-\sum_{1\ll j<s\ll r}\prod_{x_i\in K_j\cup K_s}q_i+\cdots+(-1)^{r-1}\prod_{x_i\in K_j}q_i$$

式中 j，s 表示两个不同最小割集的序数；$x_i\in K_j\cup K_s$ 表示第 i 个基本事件 x_i，可属于第 j 个最小割集，或属于第 s 个最小割集；$\sum_{1\ll j<s\ll r}\prod_{x_i\in K_j\cup K_s}q_i$ 为属于任意两个不同最小割集的基本事件概率积的和。

（3）利用最小径集计算顶上事件发生概率。

用最小径集表示事故树等效图时，顶上事件与最小径集是用与门连接的，而各个最小径臬与基本事件是用或门连接的，当事故树最小径集数为 P，各最小径集彼此无重复事件且相互独立时，则顶上事件发生的概率 Q（T）可表示为：

$$Q(T)=\prod_{j=1}^{P}\coprod_{x_i\in P_j}q_i=\prod_{j=1}^{P}\left[1-\prod_{x_i\in P_j}(1-q_i)\right]$$

若各最小径集彼此有重复事件，则需将上式展开，用布尔代数等幂解消去概率积中的重复因子，方可进行计算，其计算的一般公式为：

$$Q(T)=1-\sum_{j=1}^{P}\prod_{x_i\in P_j}(1-q_i)+\sum_{1\ll j<s\ll r}\prod_{x_i\in P_j\cup P_s}(1-q_i)+\cdots+(-1)^{P}\prod_{\substack{j=1\\x_i\in P_i}}^{P}(1-q_i)$$

式中　j，s——两个不同最小径集序数；P 表示最小径集个数。

$\prod_{x_i\in P_j}(1-q_i)$——第 j 个最小集中所有基本事件都不发生的概率积；

$\sum_{1\ll j<s\ll r}\prod_{x_i\in P_j\cup P_s}(1-q_i)$——任意两个不同最小径集的基本事件都不发生的概率积的代数和；

$x_i\in P_j\cup P_s$——第 i 个基本事件或属于第 j 个最小径集或属于第 s 个最小径集。

2）概率重要度

前边介绍了基本事件结构重要度的概念，它主要是从事故树的结构上分析各基本事件的重要程度。如果考虑各基本事件发生概率的变化会给顶上事件概率带来多大的影响，就必须研究基本事件的概率重要度。

基本事件的概率重要度是指顶上事件发生概率对该基本事件发生概率的变化率，即

$$I_g(i)=\frac{\partial Q(T)}{\partial q_i} \tag{3-6}$$

式中　$I_g(i)$——基本事件 i 的概率重要度。

求出各基本事件的概率重要度后，就可知道，在诸多基本事件中，应当降低哪个基本事件的发生概率，就可迅速有效地降低顶上事件的发生概率。

由式（3-6）可以看出，一个基本事件的概率重要度的大小不取决于它本身概率的大小，而取决于它所在最小割集中其他基本事件概率的大小。

3）临界重要度

结构重要度是从事故树图的结构来分析基本事件的重要性，并不能全面地说明各基本事件的危险重要程度。而概率重要度是反映各基本事件概率的增减对顶上事件发生概率影响的敏感度。临界重要度是从概率和结构双重角度来衡量各基本事件重要性的一个评价标准。

临界重要度也称危险重要度，它是基本事件发生概率的变化率与顶上事件发生概率的变化率的比，来确定基本事件的重要程度，可用表示为

$$I_c(i)=I_g(i)\cdot\frac{q_i}{Q(T)}$$

式中　$I_c(i)$——第 i 个基本事件的临界重要度，

【例 3-1】　设某事故树最小径集为 $P_1=\{x_1，x_2，x_3\}$，$P_2=\{x_4，x_5\}$，$P_3=\{x_6\}$。若各基本事件发生概率分别为：$q_1=0.005$，$q_2=0.001$，$q_3=0.001$，$q_4=0.2$，$q_5=0.8$，$q_6=1$，试求：

（1）顶上事件发生概率；

（2）各基本事件的概率重要度；

（3）各基本事件的临界重要度。

【解】（1）由已知条件可得知其结构函数式为

$$T=(x_1+x_2+x_3)\cdot(x_4+x_5)\cdot x_6$$

其顶上事件发生概率函数式为

$$Q(T)=[1-(1-q_1)(1-q_2)(1-q_3)][1-(1-q_4)(1-q_5)]q_6$$

则顶上事件发生概率为

$$Q(T) = [1-(1-0.005)(1-0.001)(1-0.001)]\times[1-(1-0.2)(1-0.8)]\times 1 = 0.948\ 100\ 95\times 0.84\times 1 = 0.796\ 404\ 79$$

（2）基本事件的概率重要度为

$$I_g(1)=\frac{\partial Q(T)}{\partial q_1}=(1-q_2)(1-q_3)(q_4+q_5-q_4q_5)q_6 = (1-0.001)(1-0.001)(0.2+0.8-0.2\times 0.8)\times 1 = 0.838\ 230\ 84$$

同理可得

$$I_g(2)=0.834\ 964\ 2$$

$$I_g(3)=0.834\ 964\ 2$$

$$I_g(4)=0.001\ 397\ 801$$

$$I_g(5)=0.005\ 591\ 204$$

$$I_g(6)=0.938\ 120\ 96$$

各基本事件临界重要度为

$$I_c(1)=I_g(1)\frac{q_1}{Q(T)}=0.838\times\frac{0.005}{0.796\ 4}=0.053$$

$$I_c(2)=I_g(2)\frac{q_2}{Q(T)}=0.835\times\frac{0.001}{0.796\ 4}=0.001\ 05$$

$$I_c(3)=I_g(3)\frac{q_3}{Q(T)}=0.835\times\frac{0.001}{0.796\ 4}=0.001\ 05$$

$$I_c(4)=I_g(4)\frac{q_4}{Q(T)}=0.001\ 4\times\frac{0.2}{0.796\ 4}=0.000\ 35$$

$$I_c(5)=I_g(5)\frac{q_5}{Q(T)}=0.005\ 6\times\frac{0.8}{0.796\ 4}=0.003\ 57$$

$$I_c(6)=I_g(6)\frac{q_6}{Q(T)}=0.938\ 1\times\frac{1}{0.796\ 4}=1.177$$

故 $$I_c(6)>I_c(1)>I_c(5)>I_c(2)=I_c(3)>I_c(4)$$

4）事故树的模块分割

所谓模块是指至少包含两个基本事件的集合。这些事件向上可以到达同一逻辑门（称为模块的输出或模块的顶点），且必须通过此门才能到达顶事件。模块没有来自其余部分的输入，也没有与其余部分重复的事件。事故树的模块可以从整个事故树中分割出来，单独地计算最小割集和事故概率。这些模块的最小割集是众多基本事件最小割集的分组代表。在原事故树中可用一个“准基本事件”代替分割出来的模块，“准基本事件”的概率为这个模块的概率。这样经过模块分解后，其规模比原事故树小，从而减少了计算量，提高了分析效率。

简而言之，模块分割就是将一复杂完整的事故树分割成数个模块和基本事件的组合，这些模块中所含的基本事件不会在其他模块中重复出现，也不会在分割后剩余的基本事件中出现。若分离出的模块仍然较复杂．则可对模块重复上述模块分割步骤。一般地说，没有重复事件的事故树可以任意分解模块以减少规模，简化计算。当存在重复事件时可采用分割顶点的方法，最有效的方法是进行事故树的早期不交化。

8. 应用实例

【例 3-2】　建筑工地高处坠落的事故树分析如图 3-21 所示，每个基本事件概率为 0.02。

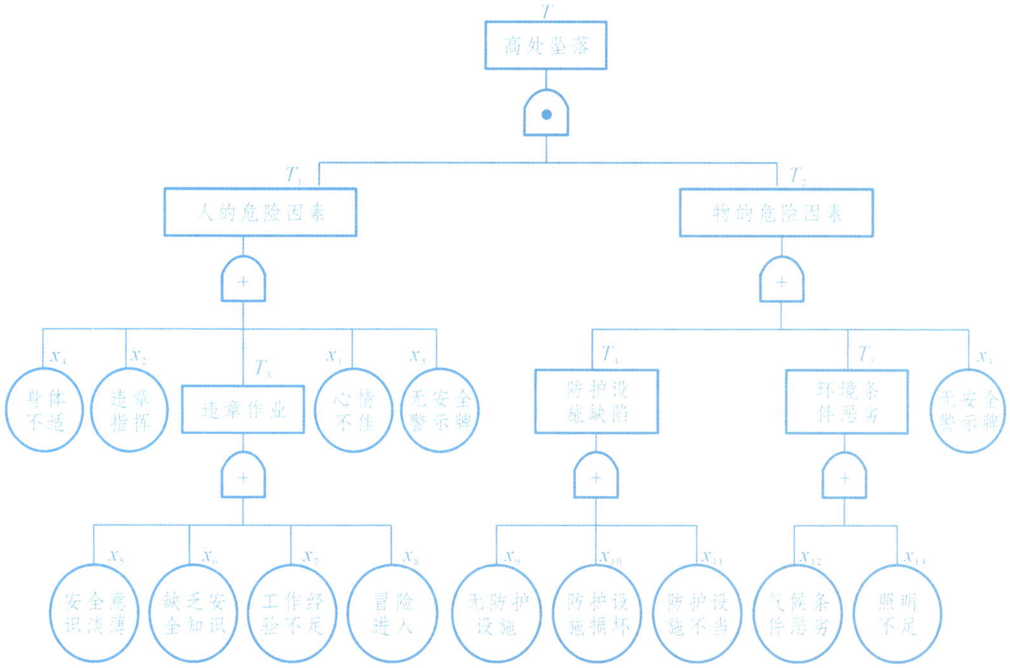

图 3-21　高处坠落事故树

【解】 化简事故树：

$$
\begin{aligned}
T &= T_1 \times T_2 \\
&= (x_1 + T_3 + x_2 + x_3 + x_4) \times (T_4 + T_5 + x_3) \\
&= (x_1 + x_5 + x_6 + x_7 + x_8 + x_2 + x_3 + x_4) \times (x_9 + x_{10} + x_{11} + x_{12} + x_{13} + x_3) \\
&= x_1x_9 + x_1x_{10} + x_1x_{11} + x_1x_{12} + x_1x_{13} + x_1x_3 + x_5x_9 + x_5x_{10} + x_5x_{11} + \\
&\quad x_5x_{12} + x_5x_{13} + x_5x_3 + x_6x_9 + x_6x_{10} + x_6x_{11} + x_6x_{12} + x_6x_{13} + x_6x_3 + \\
&\quad x_7x_9 + x_7x_{10} + x_7x_{11} + x_7x_{12} + x_7x_{13} + x_7x_3 + x_8x_9 + x_8x_{10} + x_8x_{11} + \\
&\quad x_8x_{12} + x_8x_{13} + x_8x_3 + x_2x_9 + x_2x_{10} + x_2x_{11} + x_2x_{12} + x_2x_{13} + x_2x_3 + \\
&\quad x_3x_9 + x_3x_{10} + x_3x_{11} + x_3x_{12} + x_3x_{13} + x_3 + x_4x_9 + x_4x_{10} + x_4x_{11} + \\
&\quad x_4x_{12} + x_4x_{13} + x_4x_3
\end{aligned}
$$

（1）最小割集为：

$\{x_1，x_9\}$，$\{x_1，x_{10}\}$，$\{x_1，x_{11}\}$，$\{x_1，x_{12}\}$，$\{x_1，x_{13}\}$，$\{x_1，x_3\}$，$\{x_5，x_9\}$，$\{x_5，x_{10}\}$，$\{x_5，x_1\}$，$\{x_5，x_{12}\}$，$\{x_5，x_{13}\}$，$\{x_5，x_3\}$，$\{x_6，x_9\}$，$\{x_6，x_{10}\}$，$\{x_6，x_{11}\}$，$\{x_6，x_{12}\}$，$\{x_6，x_{13}\}$，$\{x_6，x_3\}$，$\{x_7，x_9\}$，$\{x_7，x_{10}\}$，$\{x_7，x_{11}\}$，$\{x_7，x_{12}\}$，$\{x_7，x_{13}\}$，$\{x_7，x_3\}$，$\{x_8，x_9\}$，$\{x_8，x_{10}\}$，$\{x_8，x_{11}\}$，$\{x_8，x_{12}\}$，$\{x_8，x_{13}\}$，$\{x_8，x_3\}$，$\{x_2，x_9\}$，$\{x_2，x_{10}\}$，$\{x_2，x_{11}\}$，$\{x_2，x_{12}\}$，$\{x_2，x_{13}\}$，$\{x_2，x_3\}$，$\{x_3，x_9\}$，$\{x_3，x_{10}\}$，$\{x_3，x_{11}\}$，$\{x_3，x_{12}\}$，$\{x_3，x_{13}\}$，$\{x_3\}$，$\{x_4，x_9\}$，$\{x_4，x_{10}\}$，$\{x_4，x_{11}\}$，$\{x_4，x_{12}\}$，$\{x_4，x_{13}\}$，$\{x_4，x_3\}$，
共有 48 个最小割集

（2）最小径集求解。

求事故树最小径集的方法是利用它与最小割集的对偶性，将事故树中的与门换成或门、或门换成与门，将事故树换成成功树，求出成功树的最小割集，就是原事故树的最小径集。

$$
\begin{aligned}
T' &= x_1'T_3'x_2'x_3'x_4' + T_4'T_5'x_3' \\
&= x_1'x_5'x_6'x_7'x_8'x_2'x_3'x_4' + x_9'x_{10}'x_{11}'x_{12}'x_{13}'x_{13}'
\end{aligned}
$$

可得 2 个最小径集如下：

$$P_1 = \{x_1，x_2，x_3，x_4，x_5，x_6，x_7，x_8\}；$$

$$P_2 = \{x_9，x_{10}，x_{11}，x_{12}，x_{13}，x_3\}。$$

（3）顶事件概率。

$$
\begin{aligned}
P(T) &= \sum_{j=1}^{48} \prod_{X_i \in K_i} q_i \\
&= 0.02 \times 0.02 \times 47 + 0.02 \\
&= 0.038\ 8
\end{aligned}
$$

式中 j——最小割集序数。

（4）各重要度求解。

① 结构重要度。

由最小割集得出的结构重要度：

$$I_{\Phi}(1)=I_{\Phi}(2)=I_{\Phi}4)=I_{\Phi}5)=I_{\Phi}(6)=I_{\Phi}(7)=I_{\Phi}(8)=3$$

$$I_{\Phi}(9)=I_{\Phi}(10)=I_{\Phi}(11)=I_{\Phi}(12)=I_{\Phi}(13)=\frac{8}{2}=4$$

$$I_{\Phi}(3)=\frac{12}{2}+1=7$$

$$I_{\Phi}(3)>I_{\Phi}(9)=I_{\Phi}(10)=I_{\Phi}(11)=I_{\Phi}(12)=I_{\Phi}(13)>I_{\Phi}(1)=I_{\Phi}(2)=I_{\Phi}(4)$$
$$=I_{\Phi}(5)=I_{\Phi}(6)=I_{\Phi}(7)=I_{\Phi}(8)$$

② 概率重要度。

$$I_g(i)=\frac{\partial P(T)}{\partial q_i}$$

$$I_g(1)=I_g(2)=I_g(4)=I_g(5)=I_g(6)=I_g(7)$$
$$=I_g(8)=q_9+q_{10}+q_{11}+q_{12}+q_{13}+q_3=0.12$$

$$I_g(9)=I_g(10)=I_g(11)=I_g(12)=I_g(13)$$
$$=q_1+q_5+q_6+q_7+q_8+q_2+q_3+q_4=0.02\times 8=0.16$$

$$I_g(3)=q_1+q_5+q_6+q_7+q_8+q_2+q_4+q_9+q_{10}+q_{11}+q_{12}+q_{13}+1$$
$$=0.02\times 12+1=1.245$$

③ 临界重要度。

$$I_c(i)=I_g(i)\frac{q_i}{P(T)}$$

$$I_c(1)=I_c(2)=I_c(4)=I_c(5)=I_c(6)=I_c(7)=I_c(8)$$
$$=0.12\times\frac{0.02}{0.038\ 8}=0.061\ 9$$

$$I_c(9)=I_c(10)=I_c(11)=I_c(12)=I_c(13)=0.16\times\frac{0.02}{0.038\ 8}=0.082\ 5$$

（5）结果分析。

通过以上分析，造成建筑施工高处坠落事故原因的大小依次为：无警示牌；无防护设施；防护设施损坏；防护措施不当；气候条件恶劣；照明不足；违章指挥；心情不佳；身体不适；安全意识淡薄；缺乏安全知识，工作经验不足；冒险进入。

通过对事故树的定性分析可知，建筑施工高处坠落事故树的最小割集有 48 个、最小径集 2 个，即导致建筑施工高处坠落事故的可能性有 48 种，可见建筑施工高处坠落事故是较易发生的。但只要能采取个最小径集方案中的任何一个，建筑施工高处坠落事故就能避免。第一方案$\{x_1, x_2, x_3, x_4, x_5, x_6, x_7, x_8\}$是最佳方案，只要能杜绝人的不安全行为，做到不违章作业，不违章指挥，使用安全牢固的设施，不攀坐不安全位置，注意各种危险警告，不冒险进入危险区，建筑施工高处坠落事故就能有效避免。

第二方案$\{x_9, x_{10}, x_{11}, x_{12}, x_{13}, x_3\}$也较为有效，如改善照明条件，不在气候恶劣的条件下作业，排除危险作业面，经常检修设施设备，完善防护措施，按要求使用防护设备，采用合理设计的防护措施等，也能有效的避免事故的发生。

（6）结论。

事故树简明、直观地找出了建筑施工高处坠落事故的各种原因与潜在因素，通过求解基本事件结构重要度，提出了避免建筑施工高处坠落事故的措施和方法。首先是控制人的因素，减少人的不安全行为，对违章作业，忽视警告的行为要及时制止，加强对从业人员的安全教育，使其了解安全的重要性，能够准确明确行为的危险与否，作为管理人员必须把安全放在第一位，禁止违章指挥。其次是控制物的危险因素，减少物的不安全状态，把好材料关，对各种设施设备要定期进行安全检查，明确是否符合安全规定，特别是对从业人员的各种安全防护措施进行检查，杜绝出现防护不当的情况。同时对作业环境也要提出严格的要求，禁止在气候条件恶劣的情况下作业，对作业场所也要进行完善，防止脏乱差、照明条件差的作业面出现。

任务实施

【应用 3-4】 以普通车床人员伤害事故中车床绞入长发事故为例，依据以下分析绘制事故树。

分析：车床绞入长发事故的发生与车床旋转和工作人员长发落下有关，并且事故是否发生还与落下的长发是否与车床的旋转部位接触有关，长发落下的原因是由于工作人员留有长发和长发未在帽子内有关，长发未在帽子内是由于人员未戴防护帽和长发未在帽子内。

【应用 3-5】 依据以下吊装物坠落事故分析画出事故树。

吊装物坠落主要原因：

（1）钢丝绳断脱、钩头冲顶、超载；

（2）钢丝绳断脱：钢丝绳强度下降以及未及时发现；

（3）钢丝绳强度下降：钢丝绳质量不良、磨损腐蚀超标、钢丝绳变形严重；

（4）钢丝绳强度下降未及时发现：日常检查不及时、未定期对钢丝绳进行检查；

（5）钩头冲顶：操作工操作失误、起重机防过卷保护装置失灵；

（6）超载：起吊重物超重、无超载限制器。

依据脚手架坠落死亡事故分析画事故树。

【应用 3-6】 分析从脚手架上坠落死亡原因绘制事故树。

分析：从脚手架上坠落死亡一般是由于人员不慎坠落且安全带未起作用，同时也和坠落高度和地面状况有关。不慎坠落的原因是人员滑到或身体失去平衡且重心超出引起，安全带未起作用的原因是安全带机械性破坏和人员没有戴安全带引起。进一步分析人员没有系安全带的原因是由于人员忘记还是因走动而取下引起；机械性破坏的原因是由于安全带损害或支撑物破坏引起的。

【应用 3-7】 请写出图 3-22 复杂结构函数。

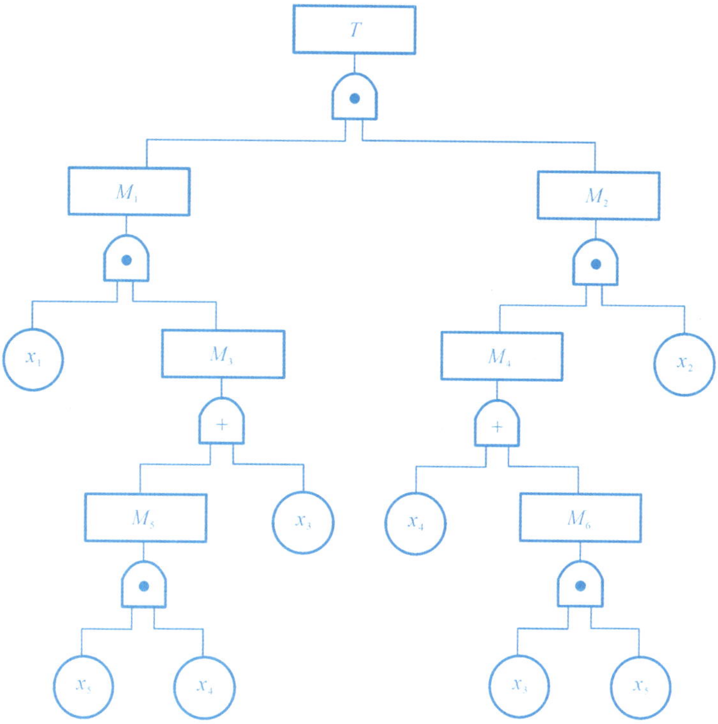

图 3-22　复杂事故树

【应用 3–8】　化简事故树 3-23 并作出等效事故树。

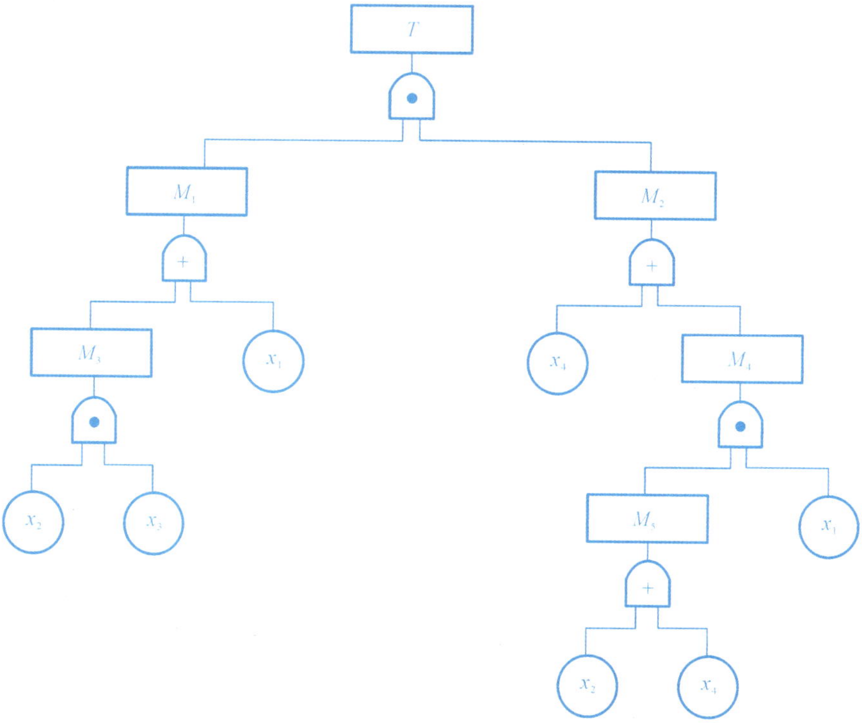

图 3-23　某事故树

【应用 3–9】 图 3-24 是某系统的事故树，求其最小割集，画出成功树，求最小径集。

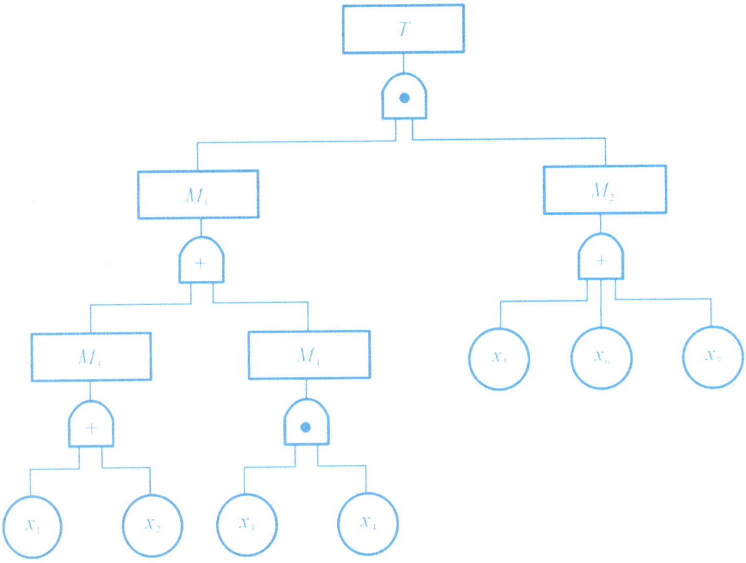

图 3-24 某事故树

【应用 3–10】 画出如图 3-25 所示事故树的等效事故树、成功树，并求顶事件发生的概率（$q_1 = q_2 = q_3 = 0.01$）。

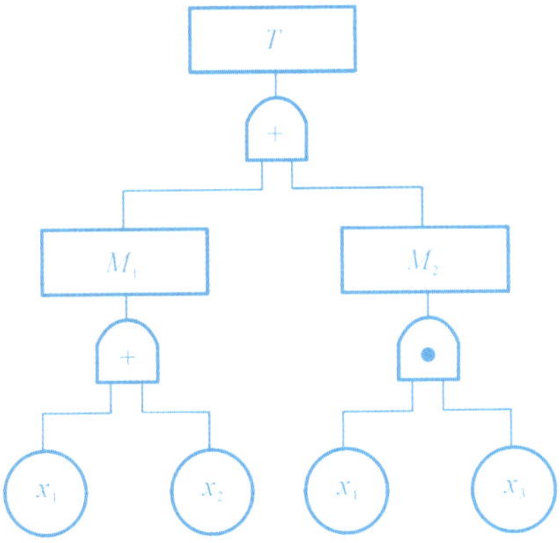

图 3-25 某事故树

练 习 题

1. 简述事故树分析的基本概念及原理。
2. 简述事故树最小割集、最小径集概念和意义。

项目 4　系统安全评价

本项目主要是查找、分析和预测工程、系统、生产管理活动中存在的危险、有害因素，预测发生事故或造成职业危害的可能性及其严重程度，通过系统的安全评价，提出科学、合理、可行的安全对策措施建议，降低事故发生概率，减少损失。

知识目标

1. 掌握系统安全的内容、原则和程序。
2. 掌握危险、有害因素辨识及评价单元划分方法。
3. 掌握安全评价方法分类及选择依据标准。
4. 掌握制定安全对策措施原则及评价结论编写要求。

能力目标

1. 能够正确地划分评价单元。
2. 能够进行系统的安全评价。
3. 能够制定科学的安全对策措施。

素质目标

1. 提高安全水平，为建立系统安全的最优方案，为决策者提供依据。
2. 提升安全素养，为实现安全技术、安全管理标准化和科学化创造条件。

任务 1　安全评价概述

任务目标

- 熟悉安全评价概念；
- 掌握安全评价内容和分类以及程序和原则。

任务描述

本任务主要介绍了安全评价的基本知识，为做好安全评价奠定基础，主要包括，安全评价的定义，安全评价的内容与分类，安全评价的程序和原则等，要求学生掌握安全评价基础知识。

知识准备

1. 安全评价的定义

安全评价是以实现工程、系统安全为目的，应用安全系统工程原理和方法，对工程、系统中存在的危险、有害因素进行识别与分析，判断工程、系统发生事故和急性职业危害的可能性及其严重程度，提出安全对策建议，从而为工程、系统制定防范措施和管理决策提供科学依据。

安全评价，国外也称为风险评价或危险评价，它既需要安全评价理论的支撑，又需要理论与实际经验的结合，二者缺一不可。

安全评价可在同一工程、系统中用来比较风险的大小，但不能用来证明当必要的安全设备未投入使用时工程、系统的状态是安全的，这样的证明既是方法的滥用，也会得出不符合逻辑的结果。

2. 安全评价的内容

安全评价是一个利用安全系统工程原理和方法来识别和评价系统、工程存在的风险的过程，这一过程包括“危险、有害因素识别”及“危险和危害程度评价”两部分。危险、有害因素识别的目的在于识别危险来源；危险和危害程度评价的目的在于确定和衡量来自危险源的危险性及危险程度及应采取的控制措施，以及采取控制措施后仍然存在的危险性是否可以被接受。在实际的安全评价过程中，这两个方面是不能截然分开、孤立进行的，而是相互交叉、相互重叠于整个评价工作中。安全评价的基本内容如图 4-1 所示。

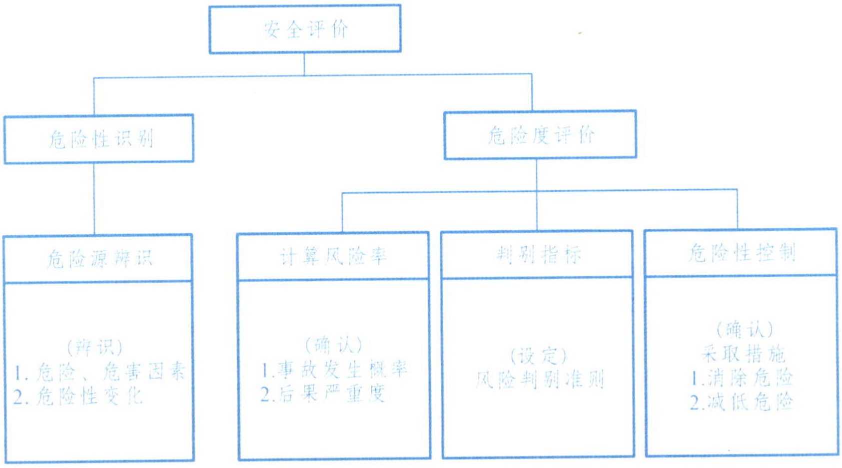

图 4-1　安全评价基本内容

随着现代科学技术的发展，在安全技术领域里，由以往主要研究、处理那些已经发生和必然发生的事件，发展为主要研究、处理那些还没有发生，但有可能发生的事件，并把这种可能性具体化为一个数量指标，计算事故发生的概率，划分危险等级，制定安全标准和对策措施，并进行综合比较和评价，从中选择最佳的方案，预防事故的发生。安全评价通过危险性识别及危险度评价，客观地描述系统的危险程度，指导人们预先采取相应措施，来降低系统的危险性。

3. 安全评价的分类

目前国内通常将安全评价根据工程、系统生命周期和评价的目的分为安全预评价、安全验收评价、安全现状综合评价和专项安全评价四类。①

1）安全预评价

安全预评价是根据建设项目可行性研究报告的内容，分析和预测该建设项目可能存在的危险、有害因素的种类和程度，提出合理可行的安全对策措施及建议。

安全预评价实际上就是在项目建设前应用安全评价的原理和方法对系统（工程、项目）的危险性、危害性进行预测性评价。

安全预评价以拟建建设项目作为研究对象，根据建设项目可行性研究报告提供的生产工艺过程、使用和产出的物质、主要设备和操作条件等，研究系统固有的危险及有害因素，应用系统安全工程的方法，对系统的危险性和危害性进行定性、定量分析，确定系统的危险、有害因素及其危险、危害程度；针对主要危险、有害因素及其可能产生的危险、危害后果提出消除、预防和降低的对策措施；评价采取措施后的系统是否能满足规定的安全要求，从而得出建设项目应如何设计、管理才能达到安全指标要求的结论。概括来说，即是：

（1）预评价是一种有目的的行为，它是在研究事故和危害为什么会发生，是怎样发生的和是如何防止发生的这些问题的基础上，回答建设项目依据设计方案建成后的安全性如何，是否能达到安全标准的要求，如何达到安全标准、安全保障体系的可靠性如何等至关重要的问题。

（2）预评价的核心是对系统存在的危险、有害因素进行定性、定量分析，即针对特定的系统范围，对发生事故、危害的可能性及其危险、危害的严重程度进行评价。

（3）用有关标准（安全评价标准）进行衡量，分析、说明系统的安全性。

（4）采取哪些优化的技术、管理措施，使各子系统及建设项目整体达到安全标准的要求，这是预评价的最终目的。

---

① 实际它是三大类，即安全预评价、安全验收评价、安全现状评价，专项安全评价应属现状评价的一种，是属于政府在特定的时期内进行专项整治时开展的评价，考虑到其特殊性，单独列出。

最后形成的安全预评价报告将作为项目报批的文件之一，同时也是项目最终设计的重要依据文件之一。[①]

2）安全验收评价

安全验收评价是在建设项目竣工验收之前、试生产运行正常后，通过对建设项目的设施、设备、装置实际运行状况及管理状况的安全评价，查找该建设项目投产后存在的危险、有害因素，确定其程度，提出合理可行的安全对策措施及建议。

安全验收评价是运用系统安全工程原理和方法，在项目建成试生产正常运行后，在正式投产前进行的一种检查性安全评价。它通过对系统存在的危险和有害因素进行定性和定量的检查，判断系统在安全上的符合性和配套安全设施的有效性，从而作出评价结论并提出补救或补偿措施，以促进项目实现系统安全。

安全验收评价是为安全验收进行的技术准备，最终形成的安全验收评价报告将作为建设单位向政府安全生产监督管理机构申请建设项目安全验收审批的依据。另外，通过安全验收还可检查生产经营单位的安全生产保障，确认《中华人民共和国安全生产法》的落实。[②]

3）安全现状综合评价

安全现状综合评价是针对系统、工程的（某一个生产经营单位总体或局部的生产经营活动的）安全现状进行的安全评价，通过评价查找其存在的危险、有害因素，确定其程度，提出合理可行的安全对策措施及建议。

这种对在用生产装置、设备、设施、储存、运输及安全管理状况进行的全面综合安全评价，是根据政府有关法规的规定或是根据生产经营单位职业安全、健康、环境保护的管理要求进行的，主要内容包括：

（1）全面收集评价所需的信息资料，采用合适的安全评价方法进行危险识别、给出量化的安全状态参数值。

（2）对于可能造成重大后果的事故隐患，采用相应的数学模型，进行事故模拟，预测极端情况下的影响范围，分析事故的最大损失，以及发生事故的概率。

（3）对发现的隐患，根据量化的安全状态参数值、整改的优先度进行排序。

（4）提出整改措施与建议。

评价形成的现状综合评价报告的内容应纳入生产经营单位安全隐患整改和安全管理计划，并按计划加以实施和检查。

4）专项安全评价

专项安全评价是根据政府有关管理部门的要求进行的，是对专项安全问题进行的

① 具体的说安全预评价报告主要提供给建设单位、设计单位、业主、政府管理部门，在设计阶段必须落实安全预评价所提出的各项措施，切实作到建设项目在设计中的“三同时”。

② 在安全验收评价中要查看安全预评价在初步设计中的落实情况，初步设计中的各项安全措施落实的情况，以及施工过程中的安全监理记录，安全设施调试、运行和检测情况等，还要查看隐蔽工程等安全落实情况，确保各项安全管理制度措施落实。

专题安全分析评价，如危险化学品专项安全评价，非煤矿山专项评价等。

专项安全评价是针对某一项活动或场所，如一个特定的行业、产品、生产方式、生产工艺或生产装置等，存在的危险、有害因素进行的安全评价，目的是查找其存在的危险、有害因素，确定其程度，提出合理可行的安全对策措施及建议。

如果生产经营单位是生产或储存、销售剧毒化学品的企业，评价所形成的专项安全评价报告则是上级主管部门批准其获得或保持生产经营营业执照所要求的文件之一。

4. 安全评价的程序

安全评价的程序主要包括：准备阶段，危险、有害因素识别与分析，定性定量评价，提出安全对策措施，形成安全评价结论及建议，编制安全评价报告，如图 4-2 所示。

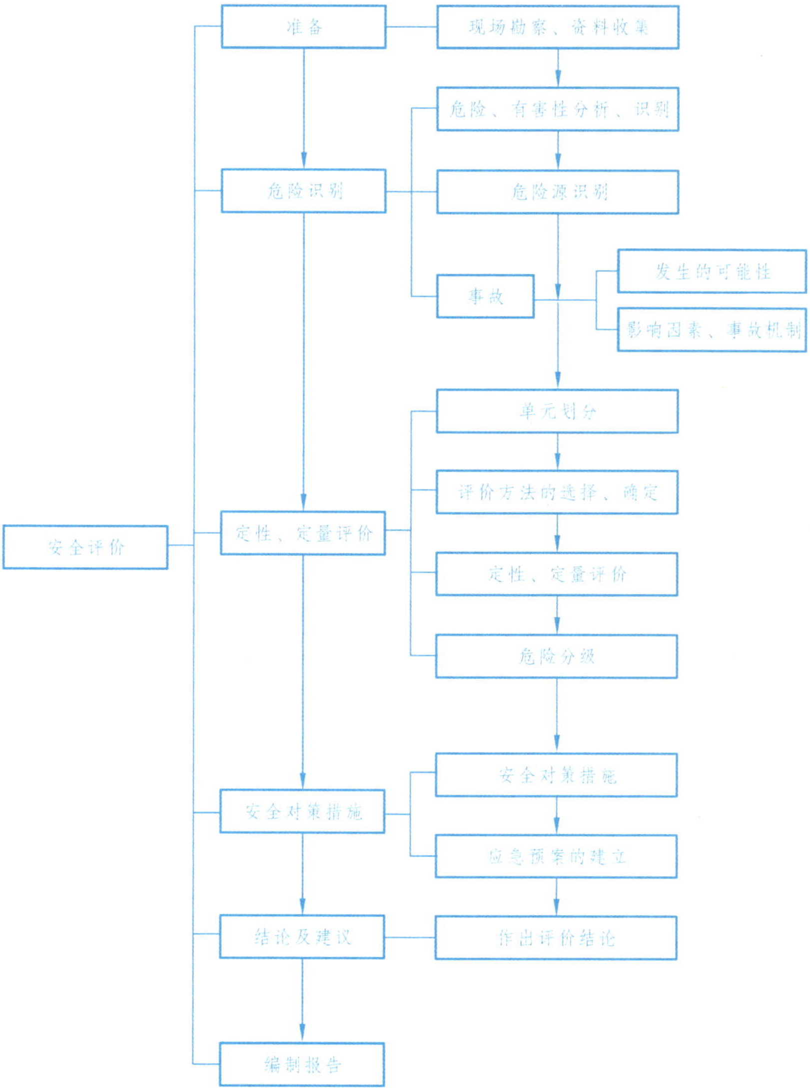

图 4-2　安全评价的基本程序

（1）准备阶段：明确被评价对象和范围，收集国内外相关法律法规、技术标准及工程、系统的技术资料。

（2）危险、有害因素识别与分析：根据被评价的工程、系统的情况，识别和分析危险、有害因素，确定危险、有害因素存在的部位、存在的方式、事故发生的途径及其变化的规律。

（3）定性、定量评价：在危险、有害因素识别和分析的基础上，划分评价单元，选择合理的评价方法，对工程、系统发生事故的可能性和严重程度进行定性、定量评价。

（4）安全对策措施：根据定性、定量评价结果，提出消除或减弱危险、有害因素的技术和管理措施及建议。

（5）评价结论及建议：简要地列出主要危险、有害因素的评价结果，指出工程、系统应重点防范的重大危险因素，明确生产经营者应重视的重要安全措施。

（6）安全评价报告的编制：依据安全评价的结果编制相应的安全评价报告。

5. 安全评价的原则

安全评价是落实“安全第一，预防为主”方针的重要技术保障，是安全生产监督管理的重要手段。安全评价工作以国家有关安全的方针、政策和法律、法规、标准为依据，运用定量和定性的方法对建设项目或生产经营单位存在的职业危险、有害因素进行识别、分析和评价，提出预防、控制、治理对策措施，为建设单位或生产经营单位减少事故发生的风险，为政府主管部门进行安全生产监督管理提供科学依据。

安全评价是关系到被评价项目能否符合国家规定的安全标准，能否保障劳动者安全与健康的关键性工作。由于这项工作不但具有较复杂的技术性，而且还有很强的政策性；因此，要做好这项工作，必须以被评价项目的具体情况为基础，以国家安全法规及有关技术标准为依据，用严肃的科学态度，认真负责的精神，强烈的责任感和事业心，全面、仔细、深入地开展和完成评价任务。在工作中必须自始至终遵循科学性、公正性、合法性和针对性原则。

1）合法性

安全评价是国家以法规形式确定下来的一种安全管理制度，安全评价机构和评价人员必须由国家安全生产监督管理部门予以资质核准和资格注册，只有取得了认可的单位才能依法进行安全评价工作。政策、法规、标准是安全评价的依据，政策性是安全评价工作的灵魂。因此，承担安全评价工作的单位必须在国家安全生产监督管理部门的指导、监督下严格执行国家及地方颁布的有关安全的方针、政策、法规和标准等；在具体评价过程中，全面、仔细、深入地剖析评价项目或生产经营单位在执行产业政策、安全生产和劳动保护政策等方面存在的问题，并且在评价过程中主动接受国家安全生产监督管理部门的指导、监督和检查，力争为项目决策、设计和安全运行提出符合政策、法规、标准要求的评价结论和建议，为安全生产监督管理提供科学依据。

2）科学性

安全评价涉及学科范围广，影响因素复杂多变。安全预评价在实现项目的本质安全上有预测、预防性；安全现状综合评价在整个项目上具有全面的现实性；验收安全评价在项目的可行性上具有较强的客观性；专项安全评价在技术上具有较高的针对性。为保证安全评价能准确地反映被评价项目的客观实际和结论的正确性，在开展安全评价的全过程中，必须依据科学的方法、程序，以严谨的科学态度全面、准确、客观地进行工作，提出科学的对策措施，作出科学的结论。

危险、有害因素产生危险、危害后果需要一定条件和触发因素，要根据内在的客观规律分析危险、有害因素的种类、程度，产生的原因及出现危险、危害的条件及其后果，才能为安全评价提供可靠的依据。

现有的评价方法均有其局限性。评价人员应全面、仔细、科学地分析各种评价方法的原理、特点、适用范围和使用条件，必要时，还应用几种评价方法进行评价，进行分析综合、互为补充、互相验证，提高评价的准确性，避免局限和失真；评价时，切忌生搬硬套、主观臆断、以偏概全。

从收集资料、调查分析、筛选评价因子、测试取样、数据处理、模式计算和权重值的给定，直至提出对策措施、作出评价结论与建议等，每个环节都必须严守科学态度，用科学的方法和可靠的数据，按科学的工作程序一丝不苟地完成各项工作，努力在最大程度上保证评价结论的正确性和对策措施的合理性、可行性和可靠性。

受一系列不确定因素的影响，安全评价在一定程度上存在误差。评价结果的准确性直接影响到决策的正确，安全设计的完善，运行是否安全、可靠。因此，对评价结果进行验证十分重要。为不断提高安全评价的准确性，评价单位应有计划、有步骤地对同类装置、国内外的安全生产经验、相关事故案例和预防措施以及评价后的实际运行情况进行考察、分析、验证，利用建设项目建成后的事后评价进行验证，并运用统计方法对评价误差进行统计和分析，以便改进原有的评价方法和修正评价的参数，不断提高评价的准确性、科学性。

3）公正性

评价结论是评价项目的决策依据、设计依据、能否安全运行的依据，也是国家安全生产监督管理部门在进行安全监督管理的执法依据。因此，对于安全评价的每一项工作都要做到客观和公正。既要防止受评价人员主观因素的影响，又要排除外界因素的干扰，避免出现不合理、不公正。

评价的正确与否直接涉及到被评价项目能否安全运行；涉及到国家财产和声誉会不会受到破坏和影响；涉及到被评价单位的财产会否受到损失，生产能否正常进行；涉及到周围单位及居民会否受到影响；涉及到被评价单位职工乃至周围居民的安全和健康。因此，评价单位和评价人员必须严肃、认真、实事求是地进行公正的评价。

安全评价有时会涉及到一些部门、集团、个人的某些利益。因此，在评价时，必须以国家和劳动者的总体利益为重，要充分考虑劳动者在劳动过程中的安全与健康，要依据有关标准法规和经济技术的可行性提出明确的要求和建议。评价结论和建议不能模棱两可、含糊其辞。

4）针对性

进行安全评价时，首先应针对被评价项目的实际情况和特征，收集有关资料，对系统进行全面地分析；其次要对众多的危险、有害因素及单元进行筛选，针对主要的危险、有害因素及重要单元应进行重点评价；并辅以重大事故后果和典型案例进行分析、评价。由于各类评价方法都有特定适用范围和使用条件，要有针对性地选用评价方法；最后要从实际的经济、技术条件出发，提出有针对性的、操作性强的对策措施，对被评价项目作出客观、公正的评价结论。

6. 安全评价的限制因素

根据经验和预测技术、方法进行的安全评价在理论和实践着上都还存在很多限制，应该认识到在安全评价结果的基础上作出的安全管理决策的质量，与对被评价对象的了解程度、对危险可能导致事故的认识程度和采用安全评价方法的准确性等有关。安全评价存在的限制因素主要来自：

1）评价方法

安全评价方法多种多样，各有其适用对象，各有其优缺点，各有其局限性。许多方法是利用过去发生过的事件的概率和危害程度做出推断，往往对高风险性事件更为关注，而高风险事件通常发生概率很小，概率值误差很大，因此在预测低风险事件危险度时可能会得出不符合实际的判断。有时在利用定量评价方法计算绝对风险度时，选取事件的发生频率和事故的严重度的基准标准不准时可能得出的结果可能会有高达数倍的不准确性。另外，方法的误用也会导致错误的评价结果。

2）评价人员的素质和经验

许多安全评价具有高度主观的性质，评价结果与假设条件密切相关。不同的评价人员使用相同的资料评价同一个对象，由于评价人员的业务素质不同，可能会得出不同的结果。尽管有很多经验性的预测方法，安全评价的质量在很大程度上还取决于判断正确与否，尤其是假设条件。只有训练有素且经验丰富的安全评价从业人员，才能得心应手地使用各种安全评价方法，辅以丰富的经验，得出正确的评价结论。

在很多情况下，由于许多事故在评价前并未发生过，安全评价使用定性方法来确定潜在事故的危险性，依靠评价人员个人或集体的智慧来判断确定可能导致事故的原因及其产生的后果，评价结果的可靠性往往与评价人员的技术素质和经验相关。

任务实施

【应用 4–1】 要求学生举例说明安全预评价、安全现状评价、安全验收评价等评价方法的特点和适用对象。

【应用 4-2】 假设一个加油站要做安全现状评价，需要如何开展工作。请将同学们进行分组，形成小组意见，讨论后教师总结。

练 习 题

1. 简述安全评价的内涵。
2. 安全评价分为哪几类？各类之间有何异同？
3. 简要论述安全评价程序。

任务 2 危险、有害因素识别及评价单元划分

任务目标

- 熟悉危险有害因素定义；
- 掌握危险有害因素种类划分方法；
- 掌握评价单元划分方法。

任务描述

安全评价的基础工作就是对系统危险因素进行识别，危险有害因素识别的前提是掌握危险有害因素的分类方法，进行识别的时候我们一般参照一种分类原则依据分类内容逐一比对，切忌头脑风暴，随意查找。

知识准备

1. 危险、有害因素的定义

（1）危险因素是指能对人造成伤亡或对物造成突发性损害的因素。

（2）有害因素是指能影响人的身体健康，导致疾病，或对物造成慢性损害的因素。

通常情况下，二者并不加以区分而统称为危险、有害因素，主要指客观存在的危险、有害物质或能量超过临界值的设备、设施和场所等。

2. 危险、有害因素的分类

对危险、有害因素进行分类的目的在于安全评价时便于进行危险有害因素的分析与识别。危险、有害因素分类的方法多种多样，安全评价中常用“按导致事故的直接原因”和“参照事故类别”的方法进行分类，有时也参照《企业职工伤亡事故分类》（GB/T 6441—1986）进行分类。简介如下。

1）按导致事故的直接原因进行分类

根据《生产过程危险和有害因素分类与代码》（GB/T13861—2022）的规定，生产过程中的危险和有害因素分类及代码如表4-1所示：

表4-1　生产过程危险和有害因素分类与代码表

代　码	名　称	说　明
1	人的因素	
11	心理、生理性危险和有害因素	
1101	负荷超限	
110101	体力负荷超限	包括劳动强度、劳动时间延长引起疲劳、劳损、伤害等的负荷超限
110102	听力负荷超限	
110103	视力负荷超限	
110199	其他负荷超限	
1102	健康状况异常	伤、病期等
1103	从事禁忌作业	
1104	心理异常	
110401	情绪异常	
110402	冒险心理	
110403	过度紧张	
110499	其他心理异常	包括泄愤心理
1105	辨识功能缺陷	
110501	感知延迟	
110502	辨识错误	
110599	其他辨识功能缺陷	
1199	其他心理、生理性危险和有害因素	
12	行为性危险和有害因素	
1201	指挥错误	
120101	指挥失误	包括生产过程中的各级管理人员的指挥
120102	违章指挥	
120199	其他指挥错误	
1202	操作错误	
120201	误操作	
120202	违章作业	
120299	其他操作错误	

续表

代　码	名　称	说　明
1203	监护失误	
1299	其他行为性危险和有害因素	包括脱岗等违反劳动纪律行为
2	物的因素	
21	物理性危险和有害因素	
2101	设备、设施、工具、附件缺陷	
210101	强度不够	
210102	刚度不够	
210103	稳定性差	抗倾覆、抗位移能力不够、抗剪能力不够。包括重心不高、底座不稳定、支撑不正确、坝体不稳定等
210104	密封不良	密封件、密封介质、设备辅件、加工精度、装配工艺等缺陷以及磨损、变形、气蚀等造成的密封不良
210105	耐腐蚀性差	
210106	应力集中	
210107	外形缺陷	设备、设施表面的尖角利棱和不应有的凹凸部分等
210108	外露运动件	人员易触及的运动件
210109	操纵器缺陷	结构、尺寸、形状、位置、操纵力不合理及操纵器失灵、损坏等
210110	制动器缺陷	
210111	控制器缺陷	
210112	设计缺陷	
210113	传感器缺陷	精度不够，灵敏度过高或过低
210199	设备、设施、工具、附件其他缺陷	
2102	防护缺陷	
210201	无防护	
210202	防护装置、设施缺陷	防护装置、设施本身安全性、可靠性差，包括防护装置、设施、防护用品损坏、失效、失灵等
210203	防护不当	防护装置、设施和防护用品不符合要求、使用不当。不包括防护距离不够
210204	支撑（支护）不当	包括矿井、隧道、建筑施工支护不符合要求
210205	防护距离不够	设备布置、机械、电气、防火、防爆等安全距离不够和卫生防护距离不够等
210299	其他防护缺陷	

续表

代码	名称	说明
2103	电危害	
210301	带电部位裸露	人员易触及的裸露带电部位
210302	漏电	
210303	静电和杂散电流	
210304	电火花	
210305	电弧	
210306	短路	
210399	其他电危害	
2104	噪声	
210401	机械性噪声	
210402	电磁性噪声	
210403	流体动力性噪声	
210499	其他噪声	
2105	振动危害	
210501	机械性振动	
210502	电磁性振动	
210503	流体动力性振动	
210599	其他振动危害	
2106	电离辐射	包括X射线、γ射线、α粒子、β粒子、中子、质子、高能电子束等
2107	非电离辐射	
210701	紫外线辐射	
210702	激光辐射	
210703	微波辐射	
210704	超高频辐射	
210705	高频电磁场	
210706	工频电场	
210799	其他电离辐射	
2108	运动物危害	
210801	抛射物	
210802	飞溅物	
210803	坠落物	

续表

代　码	名　称	说　明
210804	反弹物	
210805	土、岩滑动	包括排土场滑坡、尾矿库滑坡、露天采场滑坡
210806	料堆（垛）滑动	
210807	气流卷动	
210808	撞击	
210899	其他运动物危害	
2109	明火	
2110	高温物质	
211001	高温气体	
211002	高温液体	
211003	高温固体	
211099	其他高温物质	
2111	低温物质	
211101	低温气体	
211102	低温液体	
211103	低温固体	
211199	其他低温物质	
2112	信号缺陷	
211201	无信号设施	应设信号设施处无信号，例如无紧急撤离信号等
211202	信号选用不当	
211203	信号位置不当	
211204	信号不清	信号量不足，例如响度、亮度、对比度、信号维持时间不够等
211205	信号显示不准	包括信号显示错误、显示滞后或超前等
211299	其他信号缺陷	
2113	标志标识缺陷	
211301	无标志标识	
211302	标志标识不清晰	
211303	标志标识不规范	
211304	标志标识选用不当	
211305	标志标识位置缺陷	

续表

代　码	名　称	说　明
211306	标志标识设置顺序不规范	例如多个标志牌在一起设置时,应按警告、禁止、指令、提示类型的顺序
211399	其他标志标识缺陷	
2114	有害光照	包括直射光、反射光、眩光、频闪效应等
2115	信息系统缺陷	
211501	数据传输缺陷	例如是否加密
211502	自供电装置电池寿命过短	例如标准工作时间过短,经常出现监测设备断电
211503	防爆等级缺陷	例如 Exib 等级较低，不适合在涉及“两重点一重大”环境安装
211504	等级保护缺陷	防护不当导致信息错误、丢失、盗用
211505	通信中断或延迟	光纤或 GPRS/NB-IOT 等传输方式不同导致延迟严重
211506	数据采集缺陷	导致监测数据变化过于频繁或遗漏关键数据
211507	网络环境	保护过低，导致系统被破坏数据丢失、被盗用等
2199	其他物理性危险和有害因素	
22	化学性危险和有害因素	
2201	理化危险	
220101	爆炸物	
220102	易燃气体	
220103	易燃气溶胶	
220104	氧化性气体	
220105	压力下气体	
220106	易燃液体.	
220107	易燃固体	
220108	自反应物质或混合物	
220109	自燃液体	
220110	自燃固体	
220111	自热物质和混合物	
220112	遇水放出易燃气体的物质或混合物	
220113	氧化性液体	
220114	氧化性固体	
220115	有机过氧化物	

续表

代　码	名　称	说　明
220116	金属腐蚀物	
2202	健康危险	
220201	急性毒性	
220202	皮肤腐蚀/刺激	
220203	严重眼损伤/眼刺激	
220204	呼吸或皮肤过敏	
220205	生殖细胞致突变性	
220206	致癌性	
220207	生殖毒性	
220208	特异性靶器官系统毒性一次接触	
220209	特异性靶器官系统毒性反复接触	
220210	吸入危险	
2299	其他化学性危险和有害因素	
23	生物性危险和有害因素	
2301	致病微生物	
230101	细菌	
230102	病毒	
230103	真菌	
230199	其他致病微生物	
2302	传染病媒介物	
2303	致害动物	
2304	致害植物	
2399	其他生物性危险和有害因素	
3	环境因素	包括室内、室外、地上、地下（如隧道、矿井）、水上、水下等作业（施工）环境
31	室内作业场所环境不良	
3101	室内地面滑	室内地面、通道、楼梯被任何液体、熔融物质润湿，结冰或有其他易滑物等
3102	室内作业场所狭窄	
3103	室内作业场所杂乱	
3104	室内地面不平	

续表

代码	名称	说明
3105	室内梯架缺陷	包括楼梯、阶梯、电动梯和活动梯架，以及这些设施的扶手、扶栏和护栏、护网等
3106	地面、墙和天花板上的开口缺陷	包括电梯井、修车坑、门窗开口、检修孔、孔洞、排水沟等
3107	房屋基础下沉	
3108	室内安全通道缺陷	包括无安全通道、安全通道狭窄、不畅等
3109	房屋安全出口缺陷	包括无安全出口、设置不合理等
3110	采光照明不良	照度不足或过强、烟尘弥漫影响照明等
3111	作业场所空气不良	自然通风差、无强制通风、风量不足或气流过大、缺氧、有害气体超限等，包括受限空间作业
3112	室内温度、湿度、气压不适	
3113	室内给、排水不良	
3114	室内涌水	
3199	其他室内作业场所环境不良	
32	室外作业场地环境不良	
3201	恶劣气候与环境	包括风、极端的温度、雷电、大雾、冰雹、暴雨、雪、洪水、浪涌、泥石流、地震、海啸等
3202	作业场地和交通设施湿滑	包括铺设好的地面区域、阶梯、通道、道路、小路等被任何液体、熔融物质润湿，冰雪覆盖或有其他易滑物等
3203	作业场地狭窄	
3204	作业场地杂乱	
3205	作业场地不平	包括不平坦的地面和路面，有铺设的、未铺设的、草地、小鹅卵石或碎石地面和路面
3206	交通环境不良	包括道路、水路、轨道、航空
320601	航道狭窄、有暗礁或险滩	
320602	其他道路、水路环境不良	
320699	道路急转陡坡、临水临崖	
3207	脚手架、阶梯和活动梯架缺陷	包括这些设施的扶手、扶栏和护栏、护网等
3208	地面及地面开口缺陷	包括升降梯井、修车坑、水沟、水渠、路面、排土场、尾矿库等
3209	建（构）筑物和其他结构缺陷	包括建筑中或拆毁中的墙壁、桥梁、建筑物；筒仓、固定式粮仓、固定的槽罐和容器；屋顶、塔楼；排土场、尾矿库等
3210	门和周界设施缺陷	包括大门、栅栏、畜栏.铁丝网、电子围栏等
3211	作业场地地基下沉	

续表

代码	名称	说明
3212	作业场地安全通道缺陷	包括无安全通道，安全通道狭窄、不畅等
3213	作业场地安全出口缺陷	包括无安全出口、设置不合理等
3214	作业场地光照不良	光照不足或过强、烟尘弥漫影响光照等
3215	作业场地空气不良	自然通风差或气流过大、作业场地缺氧、有害气体超限等，包括受限空间作业
3216	作业场地温度、湿度、气压不适	
3217	作业场地涌水	
3218	排水系统故障	例如排土场、尾矿库、隧道等
3299	其他室外作业场地环境不良	
33	地下（含水下）作业环境不良	不包括以上室内室外作业环境已列出的有害因素
3301	隧道/矿井顶板或巷帮缺陷	例如矿井冒顶
3302	隧道/矿井作业面缺陷	例如矿井片帮
3303	隧道/矿井底板缺陷	
3304	地下作业面空气不良	包括无风、风速超过规定的最大值或小于规定的最小值、氧气浓度低于规定值、有害气体浓度超限等，包括受限空间作业
3305	地下火	
3306	冲击地压（岩爆）	井巷或工作面周围岩体，由于弹性变形能的瞬时释放而产生突然剧烈破坏的动力现象
3307	地下水	
3308	水下作业供氧不当	
3399	其他地下作业环境不良	
39	其他作业环境不良	
3901	强迫体位	生产设备、设施的设计或作业位置不符合人类工效学要求而易引起作业人员疲劳、劳损或事故的一种作业姿势
3902	综合性作业环境不良	显示有两种以上作业环境致害因素且不能分清主次的情况
3999	以上未包括的其他作业环境不良	
4	管理因素	机构和人员、制度及制度落实情况
41	职业安全卫生管理机构设置和人员配备不健全	
42	职业安全卫生责任制不完善或未落实	包括平台经济等新业态

续表

代码	名称	说明
43	职业安全卫生管理制度不完善或未落实	
4301	建设项目“三同时”制度	
4302	安全风险分级管控	
4303	事故隐患排查治理	
4304	培训教育制度	
4305	操作规程	包括作业指导书
4306	职业卫生管理制度	
4399	其他职业安全卫生管理规章制度不健全	包括事故调查处理等制度不健全
44	职业安全卫生投入不足	
46	应急管理缺陷	
4601	应急资源调查不充分	
4602	应急能力、风险评估不全面	
4603	事故应急预案缺陷	包括预案不健全、可操作性不强、无针对性
4604	应急预案培训不到位	
4605	应急预案演练不规范	
4606	应急演练评估不到位	
4699	其他应急管理缺陷	
49	其他管理因素缺陷	

2）参照事故类别进行分类

此种分类方法所列的危险、有害因素与企业职工伤亡事故处理（调查、分析、统计）和职工安全教育的口径基本一致，为安全生产监督管理部门、行业主管部门职业安全卫生管理人员和企业广大职工、安全管理人员所熟悉，易于接受和理解，便于实际应用。但缺少全国统一规定，尚待在应用中进一步提高其系统性和科学性。

3）参照《企业职工伤亡事故分类》（GB/T 6441—1986）进行分类

参照《企业职工伤亡事故分类》（GB/T 6441—1986），综合考虑起因物、引起事故的诱导性原因、致害物、伤害方式等，将危险因素分为 20 类。

（1）物体打击，指物体在重力或其他外力的作用下产生运动，打击人体造成人身伤亡事故，不包括因机械设备、车辆、起重机械、坍塌等引发的物体打击。

（2）车辆伤害，指企业机动车辆在行驶中引起的人体坠落和物体倒塌、下落、挤压伤亡事故，不包括起重设备提升，、牵引车辆和车辆停驶时发生的事故。

（3）机械伤害，指机械设备运动（静止）部件、工具、加工件直接与人体接触引起的夹击、碰撞、剪切、卷入、绞、碾、割、刺等伤害，不包括车辆、起重机械引起的机械伤害。

（4）起重伤害，指各种起重作业（包括起重机安装、检修、试验）中发生的挤压、坠落、（吊具、吊重）物体打击和触电。

（5）触电，包括雷击伤亡事故。

（6）淹溺，包括高处坠落淹溺，不包括矿山、井下透水淹溺。

（7）灼烫，指火焰烧伤、高温物体烫伤、化学灼伤（酸、碱、盐、有机物引起的体内外灼伤）、物理灼伤（光、放射性物质引起的体内外灼伤），不包括电灼伤和火灾引起的烧伤。

（8）火灾。

（9）高处坠落，指在高处作业中发生坠落造成的伤亡事故，不包括触电坠落事故。

（10）坍塌，指物体在外力或重力作用下，超过自身的强度极限或因结构稳定性破坏而造成的事故，如挖沟时的土石塌方、脚手架坍塌堆置物倒塌等，不适用于矿山冒顶片帮和车辆、起重机械、爆破引起的坍塌。

（11）冒顶片帮。

（12）透水。

（13）放炮，指爆破作业中发生的伤亡事故。

（14）火药爆炸，指火药、炸药及其制品在生产、加工、运输、贮存中发生的爆炸事故。

（15）瓦斯爆炸。

（16）锅炉爆炸。

（17）容器爆炸。

（18）其他爆炸。

（19）中毒和窒息。

（20）其他伤害。

3. 识别危险、有害因素的原则

1）科学性

危险、有害因素的识别是分辨、识别、分析确定系统内存在的危险，而并非研究防止事故发生或控制事故发生的实际措施。它是预测安全状态和事故发生途径的一种手段，这就要求进行危险、有害因素识别必须要有科学的安全理论作指导，使之能真正揭示系统安全状况危险、有害因素存在的部位、存在的方式、事故发生的途径及其变化的规律，并予以准确描述，以定性、定量的概念清楚地显示出来，用严密的合乎逻辑的理论予以解释清楚。

2）系统性

危险、有害因素存在于生产活动的各个方面，因此要对系统进行全面、详细地剖析、研究系统和系统及子系统之间的相关和约束关系。分清主要危险、有害因素及其相关的危险、有害性。

3）全面性

识别危险、有害因素时不要发生遗漏，以免留下隐患，要从厂址、自然条件、总图运输、建构筑物、工艺过程、生产设备装置、特种设备、公用工程、安全管理系统、设施、制度等各方面进行分析、识别；不仅要分析正常生产运转，操作中存在的危险、有害因素还要分析、识别开车、停车、检修，装置受到破坏及操作失误情况下的危险、有害后果。

4）预测性

对于危险、有害因素，还要分析其触发事件，亦即危险、有害因素出现的条件或设想的事故模式。

4. 评价单元

1）评价单元

一个作为评价对象的建设项目、装置（系统），一般是由相对独立、相互联系的若干部分（子系统、单元）组成，各部分的功能、含有的物质、存在的危险因素和有害因素、危险性和危害性以及安全指标均不尽相同。以整个系统作为评价对象实施评价时，一般按一定原则将评价对象分成若干有限、确定范围的单元分别进行评价，再综合为整个系统的评价。将系统划分为不同类型的评价单元进行评价，不仅可以简化评价工作、减少评价工作量、避免遗漏，而且由于能够得出各评价单元危险性（危害性）的比较概念，避免了以最危险单元的危险性（危害性）来表征整个系统的危险性（危害性）、夸大整个系统的危险性（危害性）的可能性，从而提高了评价的准确性、降低了采取对策措施的安全投资费用。

评价单元就是在危险、有害因素分析的基础上，根据评价目标和评价方法的需要，将系统分成的有限、确定范围进行评价的单元。

美国道化学公司在火灾爆炸指数法评价中称：“多数工厂是由多个单元组成，在计算该类工厂的火灾爆炸指数时，只选择那些对工艺有影响的单元进行评价，这些单元可称为评价单元。”可见其评价单元定义与我们的定义实质上是一致的。

2）评价单元划分的原则和方法

划分评价单元是为评价目标和评价方法服务的，要便于评价工作的进行，有利于提高评价工作的准确性；评价单元一般以生产工艺、工艺装置、物料的特点和特征与危险、有害因素的类别、分布有机结合进行划分，还可以按评价的需要将一个评价单元再划分为若干子评价单元或更细致的单元。由于至今尚无一个明确通用的规则来规范单元的划分方法，因此会出现不同的评价人员对同一个评价对象划分出不同的评价单元的现象。由于评价目标不同、各评价方法均有自身特点，只要达到评价的目的，评价单元划分并不要求绝对一致。

常用的评价单元划分原则和方法：

（1）以危险、有害因素的类别为主划分评价单元。

① 对工艺方案、总体布置及自然条件、社会环境对系统影响等综合方面危险、有害因素的分析和评价，宜将整个系统作为一个评价单元。

② 将具有共性危险因素、有害因素的场所和装置划为一个单元。

按危险因素类别各划规一个单元，再按工艺、物料、作业特点（即其潜在危险因素不同）划分成子单元分别评价。例如：炼油厂可将火灾爆炸作为一个评价单元，按馏分、催化重整、催化裂化、加氢裂化等工艺装置和贮罐区划分成子评价单元，再按工艺条件、物料的种类（性质）和数量更细分为若干评价单元；再比如将存在起重伤害、车辆伤害、高处坠落等危险因素的各码头装卸作业区作为一个评价单元；有毒危险品、散粮、矿沙等装卸作业区的毒物、粉尘危害部分则列入毒物、粉尘有害作业评价单元；燃油装卸作业区作为一个火灾爆炸评价单元，其车辆伤害部分则在通用码头装卸作业区评价单元中评价。

进行安全评价时，宜按有害因素（有害作业）的类别划分评价单元；例如，将噪声、辐射、粉尘、毒物、高温、低温、体力劳动强度危害的场所各划规一个评价单元。

（2）以装置和物质特征划分评价单元。

下列评价单元划分原则并不是孤立的，是有内在联系的，划分评价单元时应综合考虑各方面因素进行划分。

应用火灾爆炸指数法、单元危险性快速排序法等评价方法进行火灾爆炸危险性评价时，除按下列原则外还应依据评价方法的有关具体规定划分评价单元。

① 按装置工艺功能划分。

例如：

a. 原料贮存区域；

b. 反应区域；

c. 产品蒸馏区域；

d. 吸收或洗涤区域；

e. 中间产品贮存区域；

f. 产品贮存区域；

g. 运输装卸区域；

h. 催化剂处理区域；

i. 副产品处理区域；

j. 废液处理区域；

k. 通入装置区的主要配管桥区；

l. 其他（过滤、干燥、固体处理、气体压缩等）区域。

② 按布置的相对独立性划分。

a. 以安全距离、防火墙、防火堤、隔离带等与（其他）装置隔开的区域或装置部分可作为一个单元；

b. 贮存区域内通常以一个或共同防火堤（防火墙、防火建筑物）内的贮罐、贮存空间作为一个单元。

③ 按工艺条件划分评价单元。

按操作温度、压力范围不同，划分为不同的单元；按开车、加料、卸料、正常运转、添加触剂、检修等不同作业条件划分单元。

④ 按贮存、处理危险物品的潜在化学能、毒性和危险物品的数量划分评价单元。

a. 一个贮存区域内（如危险品库）贮存不同危险物品，为了能够正确识别其相对危险性，可作不同单元处理；

b. 为避免夸大评价单元的危险性，评价单元的可燃、易燃、易爆等危险物品最低限量为 2 270 kg（5 000 磅）或 2.73 m^3（600 加仑），小规模实验工厂上述物质的最低限量为 454 kg（1 000 磅）或 0.545 m^3（120 加仑）。①

⑤ 根据以往事故资料，将发生事故能导致停产、波及范围大、造成巨大损失和伤害的关键设备作为一个单元；将危险性大且资金密度大的区域作为一个单元；将危险性特别大的区域、装置作为一个单元；将具有类似危险性潜能的单元合并为一个大单元。

任务实施

【应用 4-3】 请分析图 4-3 和图 4-4 所示场景的危险有害因素。

图 4-3　建设现场危险有害因素识别

① 该限制为道化学公司火灾、爆炸危险指数评价法第七版的要求，其他评价方法如 ICI 蒙德火灾、爆炸危险指数计算法，没有此限制。

图 4-4　厨房危险有害因素识别

练习题

1. 简述不同分类依据下的危险、有害因素分类。
2. 辨识危险、有害因素有哪些原则？
3. 简述评价单元划分的原则和方法。

任务 3　安全评价方法

任务目标

- 掌握安全评价方法分类；
- 掌握安全评价方法选择。

任务描述

在进行安全评价单元划分以后，针对不同的评价单元特点要有针对性的选择评价方法，这就要求熟悉各种安全评价方法的内容和适用特点，选好评价方法，为定性、定量安全评价打下基础，本任务主要要求学生能够根据系统特点选择合适的评价方法。

知识准备

1. 安全评价方法概述

安全评价方法是进行定性、定量安全评价的工具，安全评价内容十分丰富，安全评价目的和对象的不同，安全评价的内容和指标也不同。目前，安全评价方法有很多种，每种评价方法都有其适用范围和应用条件。在进行安全评价时，应该根据安全评价对象和要实现的安全评价目标，选择适用的安全评价方法。

2. 安全评价方法分类

安全评价方法分类的目的是为了根据安全评价对象选择适用的评价方法。安全评价方法的分类方法很多，常用的有按评价结果的量化程度分类法、按评价的推理过程分类法、按针对的系统性质分类法、按安全评价要达到的目的分类法等。

按照安全评价结果的量化程度，安全评价方法可分为定性安全评价法和定量安全评价法。

1）定性安全评价方法

定性安全评价方法主要是根据经验和直观判断能力对生产系统的工艺、设备、设施、环境、人员和管理等方面的状况进行定性的分析，安全评价的结果是一些定性的指标，如是否达到了某项安全指标、事故类别和导致事故发生的因素等。属于定性安全评价方法的有安全检查表、专家现场询问观察法、因素图分析法、作业条件危险性评价法（格雷厄姆-金尼法或 LEC 法）、故障类型和影响分析、危险可操作性研究等。

定性安全评价方法的特点是容易理解、便于掌握，评价过程简单。目前定性安全评价方法在国内外企业安全管理工作中被广泛使用。但定性安全评价方法往往依靠经验，带有一定的局限性，安全评价结果有时因参加评价人员的经验和经历等有相当的差异。同时由于安全评价结果不能给出量化的危险度，所以不同类型的对象之间安全评价结果缺乏可比性。

2）定量安全评价方法

定量安全评价方法是运用基于大量的实验结果和广泛的事故资料统计分析获得的指标或规律（数学模型），对生产系统的工艺、设备、设施、环境、人员和管理等方面的状况进行定量的计算，安全评价的结果是一些定量的指标，如事故发生的概率、事故的伤害（或破坏）范围、定量的危险性、事故致因因素的事故关联度或重要度等。

按照安全评价给出的定量结果的类别不同，定量安全评价方法还可以分为概率风险评价法、伤害（或破坏）范围评价法和危险指数评价法。

3. 安全评价方法选择

任何一种安全评价方法都有其适用条件和范围，在安全评价中如果使用了不适用的安全评价方法，不仅浪费工作时间，影响评价工作正常开展，而且导致评价结果严重失真，使安全评价失败。因此，在安全评价中，合理选择安全评价方法是十分重要的。

1）安全评价方法的选择原则

在进行安全评价时，应该在认真分析并熟悉被评价系统的前提下，选择安全评价方法。选择安全评价方法应遵循充分性、适应性、系统性、针对性和合理性的原则。

（1）充分性原则。

充分性是指在选择安全评价方法之前，应该充分分析评价的系统，掌握足够多的安全评价方法，并充分了解各种安全评价方法的优缺点、适应条件和范围，同时为安全评价工作准备充分的资料。也就是说，在选择安全评价方法之前，应准备好充分的资料，供选择时参考和使用。

（2）适应性原则。

适应性是指选择的安全评价方法应该适应被评价的系统。被评价的系统可能是由多个子系统构成的复杂系统，评价的重点各子系统可能有所不同，各种安全评价方法都有其适应的条件和范围，应该根据系统和子系统、工艺的性质和状态，选择适应的安全评价方法。

（3）系统性原则。

系统性是指安全评价方法与被评价的系统所能提供安全评价初值和边值条件应形成一个和谐的整体，也就是说，安全评价方法获得的可信的安全评价结果，是必须建立真实、合理和系统的基础数据之上的，被评价的系统应该能够提供所需的系统化数据和资料。

（4）针对性原则。

针对性是指所选择的安全评价方法应该能够提供所需的结果。由于评价的目的不同，需要安全评价提供的结果可能是：危险有害因素识别、事故发生的原因、事故发生概率、事故后果、系统的危险性等，安全评价方法能够给出所要求的结果才能被选用。

（5）合理性原则。

在满足安全评价目的、能够提供所需的安全评价结果的前提下，应该选择计算过程最简单、所需基础数据最少和最容易获取的安全评价方法，使安全评价工作量和要获得的评价结果都是合理的，不要使安全评价出现无用的工作和不必要的麻烦。

2）安全评价方法的选择过程

不同的被评价系统，选择不同的安全评价方法，安全评价方法选择过程有所不同，一般可按如图 4-5 所示的步骤选择安全评价方法。

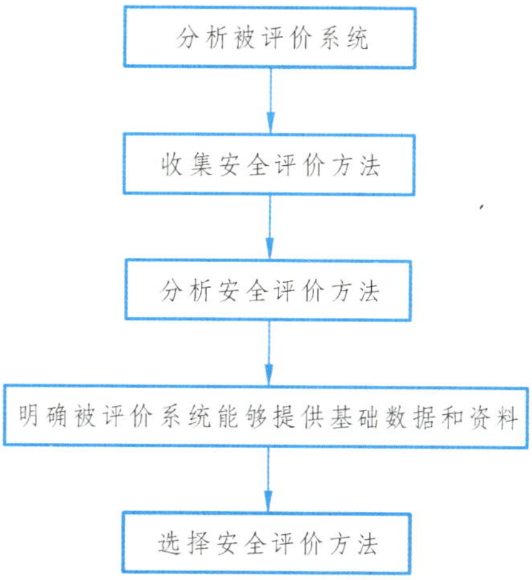

图 4-5　安全评价方法选择过程

在选择安全评价方法时，应首先详细分析被

评价的系统，明确通过安全评价要达到目标，即通过安全评价需要给出哪些、什么样的安全评价结果。然后应收集尽量多的安全评价方法，将安全评价方法进行分类整理，明确被评价的系统能够提供的基础数据、工艺和其他资料。最后根据安全评价要达到的目标以及所需的基础数据、工艺和其他资料，选择适用的安全评价方法。

3）选择安全评价方法应注意的问题

选择安全评价方法时应根据安全评价的特点、具体条件和需要，针对被评价系统的实际情况、特点和评价目标，经过认真地分析、比较。必要时，要根据评价目标的要求，选择几种安全评价方法进行安全评价，互相补充、分析综合和相互验证，以提高评价结果的可靠性。在选择安全评价方法时应该特别注意以下几方面的问题。

（1）充分考虑被评价的系统特点。

根据被评价的系统规模、组成、复杂程度、工艺类型、工艺过程、工艺参数以及原料、中间产品、产品、作业环境等情况的特点，选择安全评价方法。

随着被评价的系统规模、复杂程度的增大，有些评价方法的工作量、工作时间和费用相应地增大，甚至超过容许的条件，在这种情况下，有些评价方法即使很适合，也不能采用。

任何安全评价方法都有一定的适用范围和条件。如危险指数评价法一般都适用于化工类工艺过程（系统）的安全评价，故障类型和影响因素分析适用于机械、电气系统的安全评价，而故障树评价法适用于分析基本的事故致因因素等。

一般而言，对危险性较大的系统可采用系统的定性、定量安全评价方法，工作量也较大，如故障树、危险指数评价法、TNT 当量法等。反之，可采用经验的定量安全评价方法或直接引用分级（分类）标准进行评价，如安全检查表、直观经验法或直接引用高处坠落危险性分级标准等。

被评价系统若同时存在几类危险、有害因素，往往需要用几种安全评价方法分别进行评价。对于规模大、复杂、危险性高的系统可先用简单的定性安全评价方法进行评价，然后再对重点部位（设备或或设施）采用系统的定性或定量安全评价方法进行评价。

（2）评价的具体目标和要求的最终结果。

在安全评价中，由于评价目标不同，要求的评价最终结果是不同的，如查找引起事故的基本危险有害因素、由危险有害因素分析可能发生的事故、评价系统的事故发生可能性、评价系统的事故严重程度、评价系统的事故危险性、评价某危险有害因素对发生事故的影响程度等，因此需要根据被评价目标选择适用的安全评价方法。

（3）评价资料的占有情况。

如果被评价系统技术资料、数据齐全，可进行定性、定量评价并选择合适的定性、定量评价方法。反之，如果是一个正在设计的系统、缺乏足够的数据资料或工艺参数不全，则只能选择较简单的、需要数据较少的安全评价方法。

（4）安全评价的人员。

安全评价人员的知识、经验、习惯，对安全评价方法的选择是十分重要的。

一个企业进行安全评价的目的是为了提高全体员工的安全意识，树立“以人为本”的安全理念，全面提高企业的安全管理水平。安全评价需要全体员工的参与，使他们能够识别出与自己作业相关的危险有害因素，找出事故隐患。这时应采用较简单的安全评价方法，并且便于员工掌握和使用，同时还要能够提供危险性的分级，因此作业条件危险性分析方法或类似评价方法是适用的。

一个企业为了某项工作的需要，请专业的安全评价机构进行安全评价，参加安全评价的人员都是专业的安全评价人员，他们有丰富的安全评价工作积累，掌握很多安全评价方法，甚至有专用的安全评价软件，因此可以使用定性、定量安全评价方法对评价的系统进行深入的分析和系统地安全评价。

任务实施

【应用 4-4】 某化工厂的液化石油气球罐发生了爆炸事故，在事故调查时，请问选用什么样的分析或评价方法比较好，为什么？

【应用 4-5】 某工厂的员工时常抱怨说所从事的工作危险性太大，若企业想为消除员工的顾虑，并帮助员工了解实际工作条件的危险程度，应选用什么评价方法比较好，为什么？

练 习 题

1. 简要说明定性、定量的安全评价方法有哪些。
2. 简述选用安全评价方法时应遵循哪些原则和问题。

任务 4　安全对策措施及评价结论

任务目标

- 熟悉制定安全对策措施应遵循的原则；
- 掌握安全评价结论编写的内容和方法。

任务描述

安全评价的最终目的是找出系统存在的问题，针对问题进行措施控制，但是采取安全措施的时候不能盲目进行，要有针对性，提出的措施要遵从一定的原则，在结合具体的项目特点进行评价。最后要有评价结论，评价结论要具有一定的内容和形式。本任务主要介绍安全措施和评价结论的相关知识。

知识准备

安全对策措施是要求设计单位、生产单位、经营单位在建设项目设计、生产经营、管理中采取的消除或减弱危险、有害因素的技术措施和管理措施，是预防事故和保障整个生产、经营过程安全的对策措施。

1. 安全对策措施的基本要求和遵循的原则

1）安全对策措施基本要求

在考虑、提出安全对策措施时，有如下基本要求：

（1）能消除或减弱生产过程中产生的危险、危害；

（2）处置危险和有害物，并降低到国家规定的限值内；

（3）预防生产装置失灵和操作失误产生的危险、危害；

（4）能有效地预防重大事故和职业危害的发生；

（5）发生意外事故时，能为遇险人员提供自救和互救条件。

2）制定安全对策措施应遵循的原则

在制定安全对策措施时，应遵守如下原则：

（1）安全技术措施等级顺序。

当劳动安全技术措施（简称安全技术措施）与经济效益发生矛盾时，应优先考虑安全技术措施上的要求，并应按下列安全技术措施等级顺序选择安全技术措施：

① 直接安全技术措施：生产设备本身应具有本质安全性能，不出现任何事故和危害。

② 间接安全技术措施：若不能或不完全能实现直接安全技术措施时，必须为生产设备设计出一种或多种安全防护装置（不得留给用户去承担），最大限度地预防、控制事故或危害的发生。

③ 指示性安全技术措施：间接安全技术措施也无法实现或实施时，须采用检测报警装置、警示标志等措施，警告、提醒作业人员注意，以便采取相应的对策措施或紧急撤离危险场所。

④ 若间接、指示性安全技术措施仍然不能避免事故、危害发生，则应采用安全操作规程、安全教育、培训和个体防护用品等措施来预防、减弱系统的危险、危害程度。

（2）根据安全技术措施等级顺序的要求应遵循的具体原则。

① 消除。通过合理的设计和科学的管理，尽可能从根本上消除危险、有害因素；如采用无害化工艺技术，生产中以无害物质代替有害物质、实现自动化作业、遥控技术等。

② 预防。当消除危险、有害因素有困难时，可采取预防性技术措施，预防危险、

危害的发生；如使用安全阀、安全屏护、漏电保护装置、安全电压、熔断器、防爆膜、事故排放装置等。

③ 减弱。在无法消除危险、有害因素和难以预防的情况下，可采取减少危险、危害的措施；如局部通风排毒装置、生产中以低毒性物质代替高毒性物质、降温措施、避雷装置、消除静电装置、减振装置、消声装置等。

④ 隔离。在无法消除、预防、减弱的情况下，应将人员与危险、有害因素隔开和将不能共存的物质分开；如遥控作业、安全罩、防护屏、隔离操作室、安全距离、事故发生时的自救装置（如防护服、各类防毒面具）等。

⑤ 连锁。当操作者失误或设备运行一旦达到危险状态时，应通过连锁装置终止危险、危害发生。

⑥ 警告。在易发生故障和危险性较大的地方，配置醒目的安全色、安全标志；必要时设置声、光或声光组合报警装置。

（3）安全对策措施应具有针对性、可操作性和经济合理性。

① 针对性是指针对不同行业的特点和评价中提出的主要危险、有害因素及其后果，提出对策措施。

由于危险、有害因素及其后果具有隐蔽性、随机性、交叉影响性，对策措施不仅要针对某项危险、有害因素孤立地采取措施，而且应使系统全面地达到国家安全指标为目的，采取优化组合的综合措施。

② 提出的对策措施是设计单位、建设单位、生产经营单位进行安全设计、生产、管理的重要依据，因而对策措施应在经济、技术、时间上是可行的，能够落实和实施的。此外，要尽可能具体指明对策措施所依据的法规、标准，说明应采取的具体的对策措施，以便于应用和操作。不宜笼统地将“按某某标准有关规定执行”作为对策措施提出。

③ 经济合理性是指不应超越国家及建设项目生产经营单位的经济、技术水平，按过高的安全指标提出安全对策措施。即在采用先进技术的基础上，考虑到进一步发展的需要，以安全法规、标准和指标为依据，结合评价对象的经济、技术状况，使安全术装备水平与工艺装备水平相适应，求得经济、技术、安全的合理统一。

（4）对策措施应符合有关的国家标准和行业安全设计规定的要求在评价中，应严格按有关设计规定的要求提出安全对策措施。

2. 安全对策措施概要

安全对策措施概要的内容包括：

（1）厂址及厂区平面布置的对策措施；

（2）防火、防爆对策措施；

（3）电气安全对策措施；

（4）机械伤害对策措施；

（5）其他安全对策措施（包括：高处坠落、物体打击、安全色、安全标志等方面）；

（6）有害因素控制对策措施（包括：尘、毒、窒息、噪声和振动等有害因素的控制对策措施）；

（7）安全管理方面的对策措施。

3. 安全技术对策措施

安全技术对策措施的原则是优先应用无危险或危险性较小的工艺和物料，广泛采用综合机械化、自动化生产装置（生产线）和自动化监测、报警、排除故障和安全联锁保护等装置，实现自动化控制、遥控或隔离操作。尽可能防止操作人员在生产过程中直接接触可能产生危险因素的设备、设施和物料，使系统在人员误操作或生产装置（系统）发生故障的情况下也不会造成事故的综合措施是应优先采取的对策措施。

4. 安全评价结论

1）评价结果与评价结论的关系

安全评价结论应体现系统安全的概念，要阐述整个被评价系统的安全能否得到保障，系统客观存在的固有危险、有害因素在采取安全对策措施后能否得到控制及其受控的程度如何。

取得评价结论的一般的工作步骤：

（1）收集与评价相关的技术与管理资料；

（2）按评价方法从现场获得与各评价单元相关的基础数据；

（3）数据处理得到单元评价结果；

（4）根据单元评价结果整合成单元评价小结；

（5）各单元评价小结整合成评价结论。

2）评价结论中的逻辑思维方法的应用

安全评价报告是基于对评价对象的危险、有害因素的分析，运用评价方法进行评价、推理、判断；评价方法的选择、单元的确定，需要有充足的理由和依据；根据因果联系提出对策措施，将评价结果再综合起来作出评价结果；而安全评价报告要遵守内容、结论的同一性、不矛盾性、不能模棱两可；结论的提出要进行充分的论证。

在编写评价结论时应考虑逻辑思维方法中“逻辑规律”的运用，主要有：同一律、不矛盾律、排中律、充足理由律等。

3）评价结论的编制原则

由于系统进行安全评价时，通过分析和评估将单元各评价要素的评价结果汇总成各单元安全评价的小结，因此，整个项目的评价结论应是各评价单元评价小结的高度概括，而不是将各评价单元的评价小结简单地罗列起来作为评价的结论。

评价结论的编制应着眼于整个被评价系统的安全状况。评价结论应遵循客观公正、观点明确的原则，做到概括性、条理性强且文字表达精练。

（1）客观公正性。

评价报告应客观地、公正地针对评价项目的实际情况，实事求是地给出评价结论。应注意既不夸大危险也不缩小危险。

① 对危险、危害性分类、分级的确定，如火灾危险性分类、防雷分类、重大危险源辨识、火灾危险环境电力装置危险区域的划分、毒性分级等，应恰如其分，实事求是。

② 对定量评价的计算结果应进行认真地分析是否与实际情况相符，如果发现计算结果与实际情况出入较大，就应该认真分析所建立的数学模型或采用的定量计算模式是否合理，数据是否合格，计算是否有误。

（2）观点明确。

在评价结论中观点要明确，不能含糊其辞、模棱两可、自相矛盾。

（3）清晰准确。

评价结论应是评价报告进行充分论证的高度概括，层次要清楚，语言要精练，结论要准确，要符合客观实际，要有充足的理由。

4）评价结论分析

评价结论应较全面地考虑评价项目各方面的安全状况，要从“人、机、料、法、环”理出评价结论的主线并进行分析。交待建设项目在安全卫生技术措施、安全设施上是否能满足系统安全的要求，安全验收评价还需考虑安全设施和技术措施的运行效果及可靠性。

（1）人力资源和管理制度方面。

① 人力资源：安全管理人员和生产人员是否经安全培训，是否满足安全生产需要，是否持证上岗等。

② 安全管理：是否建立安全管理体系，是否建立支持文件（管理制度）和程序文件（作业规程），设备装置运行是否建立台账，安全检查是否有记录，是否建立事故应急救援预案等。

（2）设备装置和附件设施方面。

① 设备装置：生产系统、设备和装置的本质安全程度，控制系统是否做到了故障安全型，即一旦超越设计或操作控制的参数限度时，是否具备能使系统或设备回复到安全状态的能力及其可靠性。

② 附件设施：安全附件和安全设施配置是否合理，是否能起到安全保障作用，其有效性是否得到证实；一旦超越正常的工艺条件或发生误操作时，安全设施是否能保证系统安全。

（3）物质物料和材质材料方面。

① 物质物料：危险化学品的安全技术说明书是否建立，生产、储存是否构成重大危险源，在燃爆和急性中毒上是否得到有效控制。

② 材质材料：设备、装置及危险化学品的包装物的材质是否符合要求，材料是否采取防腐蚀措施（如：牺牲阳极法）、测定数据是否完整（测厚、探伤等）。

（4）方法工艺和作业操作。

① 方法工艺：生产过程工艺的本质安全程度、生产工艺条件正常和工艺条件发生变化时的适应能力。

② 作业操作：生产作业及操作控制是否按安全操作规程进行。

（5）生产环境和安全条件。

① 生产环境：生产作业环境能否符合防火、防爆、防急性中毒的安全要求。

② 安全条件：自然条件对评价对象的影响，周围环境对评价对象的影响，评价对象总图布置是否合理，物流路线是否安全和便捷，作业人员安全生产条件是否符合相关要求。

5）评价结果归类及重要性判断

由于系统内各单元评价结果之间存在关联，且各评价结果在重要性上不平衡，对安全评价结论的贡献有大有小，因此在编写评价结论之前最好对评价结果进行整理、分类并按严酷度和发生频率分别将结果排序列出。

例如，将影响特别重大的危险（群死群伤）或故障（或事故）频发的结果；将影响重大危险（个别伤亡）或故障（或事故）发生的结果；将影响一般危险（偶有伤亡）或故障（或事故）偶然发生的结果等进行排序列出。

6）评价结论的主要内容

安全评价结论的内容，因评价种类（安全预评价、安全验收评价、安全现状综合评价和专项评价）的不同而各有差异。通常情况下，安全评价结论的主要内容应包括：

（1）评价结论分析。

① 评价结果概述、归类、危险程度排序；

② 对于评价结果可接受的项目还应进一步提出要重点防范的危险、危害性；

③ 对于评价结果不可接受的项目，要指出存在的问题，列出不可接受的充足理由；

④ 对受条件限制而遗留的问题提出改进方向和措施建议。

（2）评价结论。

① 评价对象是否符合国家安全生产法规、标准要求；

② 评价对象在采取所要求的安全对策措施后达到的安全程度。

（3）持续改进方向。

① 提出保持现已达到安全水平的要求（加强安全检查、保持日常维护等）；

② 进一步提高安全水平的建议（冗余配置安全设施、采用先进工艺、方法、设备）；

③ 其他建设性的建议和希望。

任务实施

【应用 4-6】 对学生们进行分组，在对图 4-3 和图 4-4 中危险有害因素的分析基础上制定相应的对策措施，最后教师进行总结。

【应用 4-7】 要求教师提供若干个安全评价样本报告，删去其中评价结论，让学生在阅读前面内容的基础上完成评价结论的内容。最后教师进行点评。

练 习 题

1. 简述安全对策措施的基本要求。
2. 简述选择安全对策措施的原则和提出安全对策措施时应注意的事项。
3. 制定安全技术对策措施主要考虑哪几个方面？

项目 5 危险控制与安全决策

本项目主要是提出系统危险的控制技术措施并加以实施，应用系统危险控制技术可以预防事故的发生，使系统的安全状况得到改善，确保安全生产。系统危险控制技术是安全系统工程的最终目的。

知识目标

1. 掌握系统危险控制的目的及技术分类。
2. 掌握固有危险源的分类及控制方法。
3. 掌握重大危险源的定义及判断标准。
4. 掌握决策的类型及方法应用。

能力目标

1. 能够辨识重大危险源。
2. 能够防止误操作。
3. 能够提出安全决策。

素质目标

1. 提高安全意识，了解人为失误的表现形式及原因，有效防止人为失误的出现。
2. 提升安全素养，了解什么是安全决策，提出可行的安全措施。

任务 1 危险控制的基本原则

任务目标

- 掌握系统危险控制的目的、系统危险控制的技术分类；
- 了解系统危险控制的基本原则。

任务描述

系统危险有不同的类型，要掌握系统危险控制的技术理论，首先要掌握系统危险控制的目的和基本的原则，这是学好系统控制技术理论的基础。

知识准备

1. 系统危险控制的目的及技术

1）危险控制目的

安全系统工程的最终目的是控制事故危险。是在现有的技术水平上，以最少的消耗，达到最优的安全水平，具体有以下两个方面：

（1）降低事故发生频率，即降低千人负伤率和死亡率以及以产品产量（或利税）计算的死亡（或重伤）率，这是一个可量化的指标。

（2）减少事故的严重程度和每次事故的经济损失。安全系统工程是以优化作为重要出发点的。

上述两方面的目标，对于每个企业都有一个合理的目标值。一般地说，并不是以“事故为零”作为目标值，这也是基于现实的考虑。

2）危险控制技术

危险控制技术可以分为宏观控制技术和微观控制技术。

宏观控制技术是以整个系统作为控制对象，运用系统工程的原理，对危险进行控制。法制手段（政策、法令、规章），经济手段（奖、罚、征、补）和教育手段（长期的、短期的、学校的、社会的）是其主要的手段。

微观控制技术是以具体危险源为对象，以系统工程的原理为指导，对危险进行控制。工程技术措施和管理措施是其主要的手段。

本书主要是从微观控制技术层面提出系统危险控制的技术和方法论。只有遵循或符合共同的系统工程的方法论时，才能更好地发挥各种工程技术和管理措施在控制事故方面的作用。

2. 危险控制的原则

进行系统危险控制，需要遵循以下几个主要原则：

（1）动态控制原则。系统是运动、变化的，而非静止不变的，只有正确、适时地进行控制，才前收到预期的效果。

（2）闭环控制原则。可以认为系统存在输入输出两极，信息从输入端进入系统，然后通过信息输出反馈进行决策，并反过来再控制输入。这样一个完整的控制过程称为闭环控制。很显然，只有闭环控制才能达到优化的目的。如图 5-1 所示。

（3）分级控制原则。系统的组成可以说又包括各子系统、分系统。其规模、范围互不相同，危险的性质、特点亦不相同。因此，必须采用分级控制。意思就是各子系统可以自己独立的调整和实现控制。

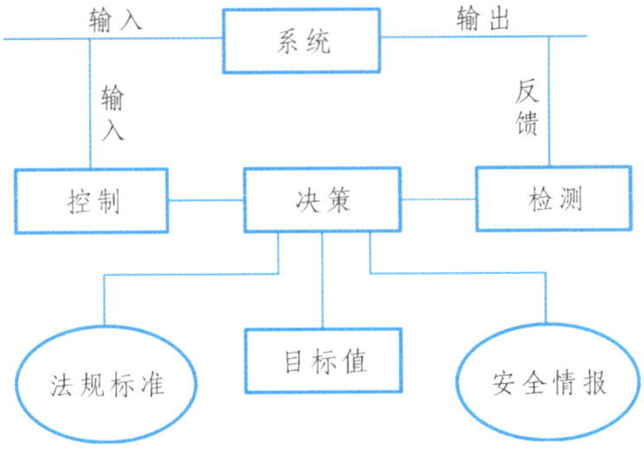

图 5-1　闭环控制

（4）多层次控制原则。对于事故危险，必须采取多层次控制，以增加其可靠程度、安全系统工程学中一般将层次分为 6 级，依次是：根本的预防性控制、补充性控制、防止事故扩大的预防性控制、维护性能的控制、经常性控制以及紧急性控制。各层次控制采取的具体内容，随事故危险性质不同而不同。是否采取 6 个层次，则视事故的危险程度和严重性而定。这些就需要通过"安全决策"来决定。下面以爆破危险的控制为例，对 6 个层次予以说明。如表 5-1 所示。

表 5-1　控制爆炸危险的方案

序号	1	2	3	4	5	6
目的	预防性	补充性	防止事故扩大	维护性能	经常性	紧急性
分类	根本性	耐负性	缓冲、吸收	强度与性能	防误操作	紧急撤退 人生防护
内容提要	不使生产爆炸事故	保持防暴强度、性能，抑制爆炸	使用安全防护装置	对性能作预测监视及测定	维持正常运转	撤离人员
具体内容	①物质性质，A 燃烧、B 有毒； ②反应危险； ③起火、爆炸条件； ④固有危险及人为危险； ⑤危险状态改变； ⑥消除危险源； ⑦抑制失控； ⑧数据监测及其他	①材料性能； ②缓冲材料； ③结构构造； ④整体强度； ⑤其他	①距离； ②隔离； ③安全阀 ④检测、报警与控制； ⑤使事故局部化	①性能降低与否； ②强度蜕化与否； ③耐压； ④安全装置的性能检查； ⑤材质蜕化与否； ⑥防腐蚀管理	①运行参数； ②工人技术教育； ③其他条件	①危险报警； ②紧急停车； ③个体防护用具

任务实施

【应用 5-1】　由于本任务主要是要求学生掌握相关理论，故采取课堂讨论的方式，对学生进行分组，要求选定一组学生，对每种原则进行举例说明，其他组同学针对其表达进行补充完善。

练 习 题

1. 简述危险控制的目的。
2. 危险控制的原则是什么？

任务 2　固有危险控制

任务目标

- 掌握固有危险源的分类；
- 掌握固有危险源的控制方法。

任务描述

固有危险源是企业客观存在的现象，如何有效地控制固有危险，使其不至于发展成为事故，对企业安全生产具有十分重要的作用。本任务首先对固有危险源进行了阐述，根据其性质不同将其分成五类，在此基础上，阐述了六种固有危险源的控制方法。这一任务是本学习任务的重点之一。

知识准备

1. 固有危险源

固有危险源系指生产中的事故隐患，即生产中存在的可能导致事故和损失的不安全条件。它包括物质因素和部分环境因素。固有危险源按其性质的不同，可以分为化学、电气、机械（含土木）、辐射和其他等五大类。

1）化学危险源

化学危险源是指在生产过程中，原材料、燃料、成品、半成品和辅助材料中所含的化学危险物质。其危险程度与这些物质的性质、数量、分布范围及存在方式有关。它包括：

（1）火灾爆炸危险源，指那些构成事故危险的易燃、易爆物质，禁水性物质以及易氧化自燃的物质。

（2）工业毒害源，指在工业生产中，能导致职业病、中毒窒息的有毒、有害物质，窒息性气体，刺激性气体，有害性粉尘，腐蚀性物质和剧毒物。

（3）大气污染源，指造成大气污染的工业性烟气和粉尘。

（4）水质污染源，指造成水质污染的工业废弃物和药剂。

2）电气危险源

电气危险源是指那些引起人员触电、电气火灾、电击和雷击的不安全因素。它包括：

（1）漏、触电危险是指电气设备和线路损坏、绝缘损坏以及缺少必需的安全防护等。

（2）着火危验包括电弧、电火花和静电放电等危险。

（3）电击、雷击危险。

3）机械（含土木）危险源

（1）重物伤害的危险，包括矿山顶板冒落的危险和建筑塌落的危险。

（2）速度和加速度造成伤害的危险，包括设备的往复式运动、物体的位移、运输车辆和起重提升设备的运行造成的伤害危险。

（3）冲击、振动危险，包括各种冲压、剪切、轧制设备和设备中有所撞危险的部分。

（4）旋转和凸轮机构动作伤人的危险。

（5）切割和刺伤危险。

（6）高处坠落的危险，具有位能而缺乏有效防护的地点。

（7）倒塌、下沉的危险。

4）辐射危险源

（1）放射源，指α、β、γ射线源。

（2）红外射线源。

（3）紫外射线源。

（4）无线电辐射源，包括射频源和微波源。

5）其他危险源

（1）噪声源。长期噪声环境中作业的人员，会引起重听、耳聋等职业病或神经性疾病。而且，在噪声环境中作业，往往事故频率较高。

（2）强光源，如电焊弧光、冶炼中高温熔融物的强光。

（3）高压气体，具有爆炸和机械伤害的危险。

（4）高温源，具有烫伤、烧伤及火灾危险。

（5）湿度。长期在潮湿场所作业的人员，会引起风湿等职业病害。

（6）生物危害，如毒蛇、猛兽伤害。这种伤害在林业和地质勘探中较常见，并与地理区域和地形有关。

以上分类是为了便于辨识，在实际中，往往发生多种危险的综合作用，而且可能相互转化。

2. 固有危险源控制方法

对于上述危险源的控制，总的来说，就是要尽可能地做到工艺安全化。即要求尽可能的变有害为无害、有毒为无毒、事故为安全。至少要求减少事故发生频率和减轻事故损失程度。还必须考虑经济因素，做到控制措施的优化。从微观上说，危险控制有 6 种具体方法。

1）消除危险

根据危险源或危险因素，可以从以下两个方面着手消除危险。

（1）布置安全，指厂房、工艺流程、设备、运输系统、动力系统和交通道路等的布置做到安全化。

（2）机械安全，指设备在制造时做到产品安全，包括：结构安全，使设备自身能达到保护人、物、环境和生产的性能；位置安全，做到设备内部的零部件和组件的位置布置合理，使设备在生产运行中和检修中不致发生危险部件、伤害人员的事故；电能安全，采用安全电源或安全电压；物质安全，采用无毒、无腐蚀、无火灾爆炸危险的物质。

2）控制危险

当事故危险不可能根除时，就要采取措施予以控制，以达到减少危险的目的。其方法有：

（1）直接控制，可以采用的措施包括：熔断器，即用不同规格的熔丝来限制过电流，保护电器设备的安全；限速器，用它控制车床转速和车辆行驶的速度；安全阀，用以防止高压气体和蒸汽过压；爆破膜，当其中的压力超过一定值时，则爆破膜破裂卸压，以便防止该设备破坏，减少周围物品的损坏；轻质顶棚，采用石棉瓦等轻质材料作易燃易爆仓库或车间顶棚，可以减小事故的破坏程度。

（2）间接控制，包括检测各类导致事故危险的工业参数，以便根据检测结果予以处理。如对温度、压力、含氧量以及毒气含量的检测。

以上列举的方法都不能消除危险，只能达到减少危害、控制危险的目的。其方法简单易行、经济有效。因此，这些方法得到了相当广泛的应用。

3）防护危险

防护危险可以分为设备防护和人体防护两类。

（1）设备防护，又称为机械防护，它包括：固定防护，如将放射性物质放在铅罐中，并设置贮井，把铅罐放在地下；自动防护，如自动断电、自动洒水、自动停气等；又如故障停止、故障激活等；联锁防护，如将高电压设备的门与电气开关联锁，只要开门，设备就断电，这样就可以保证人员免受伤害；风电闭锁，瓦斯电闭锁；快速制动防护，又称跳动防护，当发生事故时，这种装置能紧急制动，起到防止发生和扩大事故的作用；遥控防护，即对危险性较大的设备和装置实行远距离控制。

（2）人体防护，即保护人员的生命和健康，它包括：安全带，可以防止高空坠落危险；安全鞋，有绝缘鞋、防砸鞋；护目镜，有电焊眼镜、防红外眼镜、防金属屑护镜、防毒眼镜；另外还有安全帽和头盔，呼吸护具，有防尘口罩，呼吸器，自救器，面罩等。

这些都是局部的防护措施。它们具有投资省的优点。对保护设备和人身安全有重要的作用。

4）隔离防护

对危险性较大，而又无法消除或控制的场合，可以采用长期或暂时隔离的防护方法，其中包括：

（1）禁止入内。采用设置警卫、悬挂标牌、装设栏杆、刺丝网或挖沟等方式实施。

（2）固定隔离。设置防火墙、防油堤、防爆堤、防水堤等。有些需要认真进行结构和强度计算。

（3）安全距离。合理运用安全距离，可以防止火灾爆炸危险、爆炸冲击波的危害。

实践中，常常把上述三种方式配合使用。

5）保留危险

保留危险仅在预计到可能会发生危险，而又没有很好的防护方法场合下采用。这时，必须做到使其损失最小。因此，要进行一系列的计算、分析和比较，要尽可能地估计各种意外因素，再做出决定。

6）转移危险

对于难于消除和控制的危害，在进行各种比较、分析之后，选取转移危险的方法。

综上所述，对于任何事故隐患，我们都可以采取选择消除、控制、防护、隔离、保留和转移等一种或数种方法予以控制，以达到安全生产的目的。

任务实施

【应用 5-2】 本任务从固有危险源的性质出发，对固有危险源进行了分类，并一共分为了五类。可以以“固有危险源还可根据什么进行分类，并可以分为几类”为题让同学展开讨论。同学采取分组的形式展开讨论，最后每组选一名代表对本组讨论的结果进行陈述。

练习题

1. 固有危险源有哪些类型?
2. 简述固有危险源的控制方法。

任务 3 人为失误控制

任务目标

- 了解人为失误的表现形式及原因;
- 掌握人的安全的具体要求及防止误操作的方法。

任务描述

人为失误是造成事故的一个重要原因，如何有效地防止出现人为失误，对企业安全生产具有十分重要的作用。统计表明，人的不安全行为包括指挥失误、操作失误、违规违制等，在事故原因分析中不同的企业所占的比重从 50%至 90%不等。因此，必须重视对人为失误的控制。

知识准备

1. 人为失误的表现形式

(1) 操作失败，不正确的操作；作业速度过快、重物过重，操作姿势不正确使安全装置失效等。

(2) 指挥失误、不正确的管理，错误的信号、错误的安排。

(3) 习惯性动作、不正确的判断或缺乏判断，如用手把物料从供科口送进去，使身体的某些部位接近危险点。

(4) 粗心大意，漫不经心。

(5) 厌烦和懒散、消极怠惰。

(6) 胡闹、嬉笑打闹。

(7) 酗酒或吸毒。

(8) 疲劳、紧张。

(9) 疾病、生理缺陷。

(10) 错误地使用保护用品和防护装置，以及人机配合失误。

2. 造成人为失误的原因

（1）人的生理原因，如视力缺陷、听力缺陷、高血压、心脏病、神经性疾病。

（2）人的素质原因，无知，缺乏科学文化知识，缺乏工作责任心和政治责任感，缺乏纪律观念。

（3）机械设备的原因。

（4）工作环境的原因，光线、气候、环境清理和整顿。工作场所地面和空间状况。

（5）管理的原因，劳动组织缺陷、安排工作的缺陷、定工种的失误及规章制度的缺陷。

（6）教育的原因，科学文化知识、业务操作知识和安全知识的缺乏，安全教育不够，未经教育就上岗。

因此，要控制人为失误，必须把好用人关，做到人的安全化。加强管理，做到设备装置、保护用品安全装置化，并且改变动作，做到操作安全化。

3. 人的安全化

要实现人的安全化，就要做好以下几点：

（1）录用人员时，要认真检查身体，有生理缺陷和有疾病的要控制使用，并要定期复查，动态控制，还要求具备一定的文化技术条件。对于这点，过去从生产角度考虑少，要改变这种状态。

（2）新工人上岗前或者变更工种时，要进行应知、应会和安全操作知识的训练和教育。

（3）对于事故突出、危险性大的特殊工种（如爆破工、锅炉工等），要进行特殊的教育。

（4）进行文化学习和专业训练，提高人员的文化技术系质。

（5）在所有的作业培训中，增加安全内容。

（6）要增强工作责任心、法制观念和职业道德观念。

需要说明的是，对于每一具体情况，都应有其具体内容。

4. 管理安全化

管理安全化，就是要为消除人为失误创造条件，具体地说就是：

（1）认真改善设备的安全性，消除机械的外形危险、机能危险、构造危险、操作危险和维护保养危险。

（2）改善工艺设计的安全性，消除平面布置、厂房建设、工艺选择、原材料、燃料动力、运输等方面的危险性。

（3）制定操作的标准和规程，并进行教育。

（4）制定维护保养的标准和规程，并进行教育。

（5）定期进行工业厂房内的环境测定和卫生评价。
（6）定期组织有成效的安全检查。
（7）进行班组长和安全骨干的培养。

5. 操作安全化

1）作业分析

为了使操作安全化，首先要进行作业分析，把全面操作分为基本作业，按照基本作业的情况，从质量、安全和效益3个方面找出问题所在，重点是确保安全。

制订改善操作作业的计划，首先列出操作的作业内容，如表5-2，分析每个作业存在什么问题，对问题所在打勾。最后将打勾较多之处，列为重点分析的基本作业，首先对其进行分析。依此类推，排出次序，依次进行改善。

表5-2　改善动作计划（示例）

日期：　年　月　日 作业名称： 基本作业名称：	疲劳程度大	易受损害	经常调整	作业者烦倦	质量低劣	易发生故障	加工困难	零件不合格	工具不适用	设备损坏	动作改善顺序
A 不熟练								√			6
B 调整接触	√	√								√	3
C 底座		√	√	√			√	√			1
D 推力轴承					√	√	√		√		4
E 线圈	√	√	√	√				√			2
F 外罩					√	√		√		√	7
G 把外罩装在底座上	√		√				√		√		5

2）动作分析

将上述基本作业分解为基本动作，可以用符号进行观察记录、分析，以便改善。

3）进行动作改善

把经过观察、分解、用符号记录下来的动作：逐一进行分析，并进行改善。改善动作要遵循以下4条原则：

（1）数量原则。舍去不必要的动作，使动作减少，把两个以上的动作组合为一个动作，调换动作的排列次序，舍去多余的动作，避免同时使用双手和双脚，尤其要避免以双臂同时向相反方向运动。在协同作业中，若一个人东张西望，就会使对方几个人闲着没事干。充分做好工作准备，工具和用料适当，可以减少动作数量。

（2）长度原则。缩短动作距离，采用短距离的动作。

（3）方向原则。动作的方向改变要平缓。

（4）疲劳原则。应当采用疲劳最小的动作，即采用适当的动作速度，使动作形成习惯，得心应手。在合适的作业面上进行作业，采用疲劳少的动作，尽量不要转动眼球，避免有害视力的光线，利用重力改进工具、装备的形状和重量，在搬运移动中尽量选择减少阻力的方法，消除不自然的姿式，消除会使身体上、下移动的动作，将立姿作业改为坐姿作业，动作激烈的作业要轮换作业人员等。

以上 4 个原则中，疲劳原则对安全影响最大，也是保证安全的着眼点。

要避免疲劳，保证安全，应该注意以下几点：

（1）操作人负的作业速度过快或过慢都容易疲劳，由于任务过紧，急于完成而弓起伤害的实例很多。

（2）保持适当的作业范围。以肘关节为中心的运动范围为正常作业范围，以肩为中心运动范围为最大作业范围。

（3）避免有害视力的光线。光线过暗或直射，眼睛都容易疲劳，应该保持适当的照度。

（4）利用槽或料斗等重力搬运物料，以减少作业的疲劳程度。

（5）工具和用品避免做成尖形或锋利边缘。

（6）避免不自然的姿势，例如眼睛斜视作业，持续弯腰作业，昂着头作业等。

6. 防止误操作的方法

防止误操作，就需采用不致发生差错的方法，即能够自然而正确作业的方法，简单而又很少疲劳的方法。

（1）利用形状，如插头形状或电子管脚、晶体管脚等。

（2）利用颜色，如在有棱角的材料及对人体有伤害危险的部件上涂上警戒色、黄黑相同的斜线或红色。

（3）利用光线，包括指示灯、信号灯、警告灯，以便停止机器运转或中断作业，利用光线自动保持正常。

（4）利用声音，利用声音报管，如列车道口的车辆警报、火灾警报、毒气泄漏警报以及漏电警报等。

（5）利用温度，利用热量可以实现自动化，可以报知或防止危险。

（6）利用压力，利用气压、水压、油压维持正常作业。

（7）利用机械装置，采用自动化装置、连锁装置及安全装置，保持正常作业。

任务实施

【应用 5-3】 本任务对人为失误控制做了介绍，可以根据学生所学的专业设定一个工作场景，如对采矿工程专业的学生，可以设定“掘进巷道时的施工过程，如何避免人为失误造成危险发生？”这样的题目让学生展开讨论，并请同学对自己的看法进行阐述。

练 习 题

1. 人为失误的原因有哪些？
2. 简述防止误操作的方法。

任务 4　重大危险源辨识

任务目标

- 掌握重大危险源的定义；
- 掌握重大危险源的判断标准。

任务描述

《中华人民共和国安全生产法》及国家标准《危险化学品重大危险源辨识》（GB 18218—2018）均对重大危险源做了阐述，并详细解释了危险化学品、单元等相关术语的概念，以及重大危险源的判断标准。本任务将上述国家相关标准规范中重要内容进行选摘，使同学掌握国家相关行业的法律规范，为学好这门课程、将来走上工作岗位打下坚实基础。

知识准备

1. 重大危险源定义

重大危险源是指长期地或临时地生产、加工、搬运、使用或储存危险物质，且危险物质的数量等于或超过临界量的单元。

2. 危险化学品定义

危险化学品是指具有毒害、爆炸、燃烧、助燃等性质，对人体、设施、环境具有危害的剧毒化学品和其他化学品。

1）重大危险源辨识标准

对于某种或某类危险化学品规定的数量，若单元中的危险化学品数量等于或超过该数则该单元定为重大危险源。单元内存在的危险化学品的数量根据处理危险化学品种类的多少区分为以下两种情况：

（1）单元内存在的危险化学品为单一品种，则该危险化学品的数量即为单元内危险化学品的总量，若等于或超过相应的临界量，则定为重大危险源。

（2）单元内存在的危险化学品为多品种时，且每一种危险化学品的储存均未达到或超过其相应的临界量，但满足式（5-1），则定为重大危险源。

$$\sum_{i=1}^{N}\frac{q_i}{Q_i}\geqslant 1 \tag{5-1}$$

式中：q_i——单元危险化学品 i 的实际存在量；

Q_i——危险化学品 i 的临界量；

N——单元危险化学品的种类数。

在表 5-3 范围内的危险化学品，其临界量按表 5-3 确定。未在表 5-3 范围内的危险化学品，根据其危险性，依据《中华人民共和国安全生产法》及国家标准《危险化学品重大危险源辨识》（GB 18218—2018）确定临界量；若一种危险化学品具有多种危险性，按其中最低的临界量确定。

表 5-3　危险化学品名称及其临界量

序号	类别	危险化学品名称和说明	临界量/t
1	爆炸品	叠氮化钡	0.5
2		叠氮化铅	0.5
3		雷酸汞	0.5
4		三硝基苯甲醚	5
5		三硝基甲苯	5
6		硝化甘油	1
7		硝化纤维素	10
8		硝酸铵（含可燃物>0.2%）	5
9	易燃气体	丁二烯	5
10		二甲醚	50
11		甲烷，天然气	50
12		氯乙烯	50
13		氢	5
14		液化石油气（含丙烷、丁烷及其混合物）	50
15		一甲胺	5
16		乙炔	1
17		乙烯	50

续表

序号	类别	危险化学品名称和说明	临界量/t
18	毒性气体	氨	10
19		二氟化氧	1
20		二氧化氮	1
21		二氧化硫	20
22		氟	1
23		光气	0.3
24		环氧乙烷	10
25		甲醛（含量>90%）	5
26		磷化氢	1
27		硫化氢	5
28		氯化氢	20
29		氯	5
30		煤气（CO，CO 和 H_2、CH_4 的混合物等）	20
31		砷化三氢（胂）	12
32		锑化氢	1
33		硒化氢	1
34		溴甲烷	10
35	易燃液体	苯	50
36		苯乙烯	500
37		丙酮	500
38		丙烯腈	50
39		二硫化碳	50
40		环己烷	500
41		环氧丙烷	10
42		甲苯	500
43		甲醇	500
44		汽油	200

续表

序号	类别	危险化学品名称和说明	临界量/t
45	易燃液体	乙醇	500
46		乙醚	10
47		乙酸乙酯	500
48		正己烷	500
49	易于自燃的物质	黄磷	50
50		烷基铝	1
51		戊硼烷	1
52	遇水放出易燃气体的物质	电石	100
53		钾	1
54		钠	10
55	氧化性物质	发烟硫酸	100
56		过氧化钾	20
57		过氧化钠	20
58		氯酸钾	100
59		氯酸钠	100
60		硝酸（发红烟的）	20
61		硝酸（发红烟的除外，含硝酸>70%）	100
62		硝酸铵（含可燃物≤0.2%）	300
63		硝酸铵基化肥	1 000
64	有机过氧化物	过氧乙酸（含量≥60%）	10
65		过氧化甲乙酮（含量≥60%）	10
66	毒性物质	丙酮合氰化氢	20
67		丙烯醛	20
68		氟化氢	1
69		环氧氯丙烷（3-氯-1，2-环氧丙烷）	20
70		环氧溴丙烷（表溴醇）	20
71		甲苯二异氰酸酯	100

续表

序号	类别	危险化学品名称和说明	临界量/t
72	毒性物质	氯化硫	1
73		氰化氢	1
74		三氧化硫	75
75		烯丙胺	20
76		溴	20
77		乙撑亚胺	20
78		异氰酸甲酯	0.75

2. 单元的划分

危险化学品重大危险源可分为生产单元危险化学品重大危险源和储存单元危险化学品重大危险源。

（1）单元：涉及危险化学品的生产、储存装置、设施或场所，分为生产单元和储存单元。

（2）生产单元：危险化学品的生产、加工及使用等的装置及设施。当装置及设施之间有切断阀时，以切断阀作为分隔界限划分为独立的单元。

（3）储存单元：用于储存危险化学品的储罐或仓库组成的相对独立的区域，储罐区以罐区防火堤为界限划分为独立的单元，仓库以独立库房（独立建筑物）为界限划分为独立的单元。

任务实施

【应用 5-4】 让同学根据本任务所学知识判断以下题目中案例是否属于重大危险源。

题目：某仓库内储存有笨 20 t，储罐区的两个储罐内分别储存有 98%的浓硫酸 25 t 和 85%的浓硝酸 35 t，请辨识该生产厂区是否构成危险化学品重大危险源？并做出详细的辨识过程。

练 习 题

1. 简述危险化学品重大危险源的辨识要点。
2. 危险化学品重大危险源是按照什么标准辨识确定的？

任务5 安全决策

任务目标

- 了解什么是安全决策；
- 掌握决策的类型，掌握安全决策的方法应用。

任务描述

好的决策会获得好的结果；反之，则会造成较大的损失。决策者总是希望能花费最小的代价而获取最大的效益。而到底什么是决策？如何决策？决策的方法和过程又是什么样的？本任务将对上述这些疑问进行讲解，学好本任务是掌握危险控制技术的关键。

知识准备

1. 安全决策的定义及分类

1）安全决策的定义

决策就是决定的策略和方法，关于决策普遍的看法有两种：一种是诺贝尔奖获得者、美国经济学家西蒙所说的“管理就是决策”；另一种是“决策就是做决定”。这两种看来截然不同的定义，却从不同角度深刻地揭示了决策的基本内容。既然决策就是做决定，那么从许多达到同一目标的可行方案中选定最优方案时，就要求人们的选择和判断应尽可能地符合客观实际。要做到这一点，决策者应尽可能真实地了解问题背景、环境和发展变化规律，占有详细的信息资料和正确地掌握决策方法。

我们再从另一个方面来理解决策。决策其实就是人们进行选择或判断的一种思维活动。决策在人们的生活、工作中随时都会遇到。有些决策是简单和容易的，例如出门前听天气预报要不要带雨具；到服装店买衣服，会遇到衣服的式样、衣料、颜色、价钱、耐用以及舒适等一系列问题，需要从中做出决策。有些决策是复杂的、困难的，例如能源资源开发、经济发展战略和计划以及战争与和平等。

安全决策就是针对生产活动中需要解决的特定安全问题，根据安全标准规范和要求、运用现代科学技术知识和安全科学的理论与方法，提出各种安全措施方案，经过分析、论证与评价，从中选择最优方案并予以实施的过程。

2）安全决策的分类

决策的分类方法有很多，一般决策问题常常根据决策系统的约束性与随机性原理

（即其自然状态的确定与否）对其进行分类。据此可以将决策分为两类：确定型决策和非确定型决策。

（1）确定型决策。

确定型决策是在一种已知的完全确定的自然状态下，选择满足目标要求的最优方案。确定型决策问题一般应具备四个条件：

① 有一个决策者希望达到的明确目标（收益大或损失小）。

② 只存在一个确定的自然状态。

③ 有两个或两个以上的供决策者选择的方案。

④ 不同的决策方案在确定的自然状态下损益值（损失或收益）可以计算出来。

下面以例题形式对其进行解释。

【例 5-1】 有三种同一功能的机床 a_i（$i=1, 2, 3$），其加工精度用允许误差 S_j（$j=1, 2$）表示，其产值用 V 表示（单位：元/分）。用哪种机床为好？已知损益矩阵如表 5-4 所示。

表 5-4 损益矩阵

a	V/元·分	
	$S\leqslant 0.001$/mm	$S>0.001$/mm
a_1	50	100
a_2	30	80
a_3	20	250

【解】 这就是一个确定型决策问题，对于这类简单的确定型决策问题，可通过方案评比、直接判断来选择最优方案。如果要求加工零件的允许误差必须小于 0.001 mm，则选用机床 a_1 工作为最优方案，因为在允许误差 $S_1\leqslant 0.001$ 时，方案 a_1 产值最大。

（2）非确定型决策。

当决策问题有两种以上自然状态时，哪种可能发生是不确定的，在此情况下的决策称为非确定型决策。非确定型决策又可分为两类：当决策问题自然状态的概率能确定，即是在概率基础上做决策。但要冒一定的风险，这种决策称为风险性决策。如果自然状态的概率不能确定，即没有任何有关每一自然状态可能发生的信息，在此情况下的决策就称为完全不确定型决策。

风险型决策问题通常要具备如下五个条件：

① 与确定型决策一样，有一个决策者希望达到的一个明确目标。

② 存在决策者无法控制的两种或两种以上的自然状态。

③ 有两个或两个以上的供决策者选择的方案。

④ 不同的决策方案在不同自然状态下定的损益值可以计算出来。

⑤ 未来将出现哪种自然状态不能确定，但其出现的概率可以估算出来。

如果缺少上述条件，即存在着两种或两种以上的自然状态，但其出现的概率却无法估计出来，则此情况下的决策就是完全不确定型决策。

下面就风险型决策问题与完全不确定型决策问题以例题形式进行解释。

【例 5-2】 某工厂考虑生产甲、乙两种产品，不同季节产品销售量不同，依据过去市场需求统计，在旺季、平季、淡季销售产品的比值各为 1/4、1/2、1/4。如果生产甲产品在三个季节中分别获利为 4 万元、3 万元、2 万元；生产乙产品在三个季节中分别获利为 7 万元、2 万元、0 元，工厂应安排生产哪种产品？

【解】 该问题属典型的风险型决策问题,解决这类问题可以考虑应用损益矩阵法。首先做损益矩阵，如表 5-5 所示。然后计算两种方案的收益期望值：甲产品 $E_{甲}=1/4\times4+1/2\times3+1/4\times2=3$（万元）；乙产品 $E_{乙}=1/4\times7+1/2\times2+1/4\times0=2.75$（万元）。因 $E_{甲}>E_{乙}$，则得投产甲产品为最优方案。

表 5-5　损益矩阵

备选方案	旺季 S_1	平季 S_2	淡季 S_3
	$P(S_1)=1/4$	$P(S_2)=1/2$	$P(S_3)=1/4$
甲	4	3	2
乙	7	2	0

【例 5-3】 假定某工厂准备生产一种市场上从未有过的新产品由于缺乏资料，工厂对这种新产品的市场需求量只能大致估计为四种情况：较高、一般、较低、很低，且无法预估出每种情况出现的概率。为生产这种新产品，工厂设想了四个备选方案：Ⅰ——改建原有生产线；Ⅱ——新建一条生产线；Ⅲ——把部分零件承包给外厂；Ⅳ——部分零件从市场上购入。请比较这几个方案。

【解】 假设工厂计划生产该产品五年，根据计算，各个方案在五年内的损益值列入表 5-6。

表 5-6 损益表

备选方案	市场需求情况			
	较高	一般	较低	很低
Ⅰ	600	400	−150	−350
Ⅱ	800	350	−300	−700
Ⅲ	350	220	50	−100
Ⅳ	400	250	90	−50

在该决策问题中，因是新产品投产，对市场需求情况无统计资料可以借鉴，故对四种自然状态出现的概率也无法确定。属于完全不确定型决策。

需要说明的是上面就非确定型决策问题已经给出了解决方法，关于这类问题的解决方法在下面的内容中还会深入讲述。

2. 安全决策过程

（1）确定目标。

决策过程首先需要明确目标，也就是要明确需要解决的问题。对安全而言，从大安全观出发，安全决策所涉及的主要问题就是保证人们的生产安全、生活安全和生存安全。但是这样的目标所涉及的范围内容太大了，以至于无法操作，应进一步界定、分解和量化。

例如：生产安全是一个总目标，它可以分解为预防事故发生、消除职业病和改善劳动条件。而且，对已分解的目标，还应根据行业不同，现实条件不同（如经济保证、技术水平）、边界约束条件不同区分目标的实现层次和内涵。

又如：生活安全可以分解为个人生活安全、家庭生活安全和社会生活安全，也可以分解为生命安全、财产安全和生活舒适与健康。生存安全可以分解为自然灾害、人为灾害，也可分解为生态环境安全、灾害、交通安全以及突发事件（战争、冲突等）。另外，对于决策目标应有明确的指标要求。对于技术问题，应有风险率、严重度，一定可靠度下的安全系数，以及事故率、时间域和空间域等具体量化指标，对于难于量化的定性目标，则应尽可能加以具体说明。

（2）确定决策方案。

在目标确定之后，决策人员应依据科学的决策理论，对要求达到的目标进行调查研究，以及详细的技术设计、预测分析。拟定出几个可供选择的方案。

首先，应根据总目标和指标的要求将那些达不到目标基本要求的方案舍弃掉，然后再用加权法或其他数学方法对各个方案进行排序。排在第一位的方案也称为备选决策提案。备选决策提案不一定是最后决策方案，还需要经过技术评价和潜在问题分析，做进一步的慎重研究。

（3）潜在问题或后果分析。

对备选决策方案，决策者要向自己提出“假如采用这个方案，将要产生什么样的结果？可能导致哪些不良后果和错误？”等问题。从这些可能产生的后果中进行比较。以决定方案的取舍。

对安全问题，考虑其决策方案后果、应特别注意如下一些潜在问题：

① 人身安全方面：应特别注意有无生命危险，有无造成工伤的危险，有无职业病和后遗症的危险。

② 人的精神和思想方面：是否会造成人的道德、思想观念的变化，是否会造成人的兴趣爱好和娱乐方式的变化，是否会造成人的情绪和感情方面的变化，是否会加重人的疲劳，带来精神紧张，影响个人导致不安全感或束缚感的产生等。

③ 人的行为方面：能否造成人的生活规律、生活方式变化，以及生活时间的变化等。

（4）实施与反馈。

决策方案在实施过程中应注意制定实施规则、落实实施机构、人员职责，并及时检查与反馈实施情况，使决策方案在实施过程中趋于完善并达到预期效果。

3. 安全决策方法

安全决策学是一门交叉学科，它既含有从运筹学、概率论、控制论、模糊数学等引入的数学方法，也有从安全心理学、行为科学，计算机科学、信息科学引入的各种社会、技术科学。

根据决策环境，考虑属性量化程度，可以把多属性决策问题区分为确定性和非确定性两类，相应的决策方法就有确定性多属性决策方法、定性与定盘相结合的决策方法和模糊多属性决策方法。目前采用的决策方法有：评分法、决策树法、经济技术评价法等，本任务重点介绍前两种决策方法，即评分法和决策树法。

（1）评分法。

评分法就是根据预先规定的评分标准对各方案所能达到的指标进行定量计算比较，从而达到对各个方案排序的目的。

① 评分标准。

一般按与分制评分：优、良、中、差、最差。当然也可按 7 个等级评分，这要视决策方案多少及其之间的差别大小和决策者要求而定。

② 评分方法。

多数是采用专家打分的办法，即以专家根据评价目标对各个决策方案评分，然后取其平均值或除去最大、最小值后的平均值作为分值。

③ 评价指标体系。

评价指标体系一般应包括 3 个方面的内容，分别是技术指标、经济指标和社会指标。对于安全问题决策，若有几个不同的技术决策方案，则其评价指标休系大致有如下内容：技术先进性、可靠性、安全性、维修性、可操作性等；经济方面有成本、质量可靠性、原材料、周期、风险率等；社会方面有劳动条件、坏境、精神习惯、道德伦理等。当然要注意指标因素不宜过多，否则不但难于突出主要因素，而且会造成评价结果不符合实际。

④ 加权系数。

由于各评价指标其重要性程度不一样，必须给每个评价指标一个加权系数。为了便于计算，一般取各个评价指标的加权系数 g_i 之和为 1。加权系数值可由经验确定或用判断表法计算。

判断表如表 5-7 所示，将评价目标的重要性两两比较，同等重要各给 2 分；某一项重要者则分别给 3 分和 1 分；某一项比另一项重要得多，则分别给 4 分和 0 分。将给分填入表中。

表 5-7　评价项目的重要性判断表（示例）

比较者	被比者				k_i	$g_i = k_i / \sum_{i=1}^{n} k_i$
	A	B	C	D		
A		1	0	1	2	0.083
B	3		1	2	6	0.250
C	4	3		3	10	0.417
D	3	2	1		6	0.25
重要程度排序 C>B，D>A					$\sum_{i=1}^{4} k_i = 24$	$\sum_{i=1}^{4} g_i = 1.0$

⑤ 计算总分。

计算总分的方法也有很多，每一种方法都有其优缺点及适用范围，现将其总结列于表 5-8。

表 5-8　总分计算方法

序号	方法名称	公式	适用范围
1	分值相加法	$Q_1 = \sum_{i=1}^{n} k_i$	计算简单直观
2	分值相乘法	$Q_2 = \prod_{i=1}^{n} k_i$	各方案总分相差大，便于比较
3	均值法	$Q_3 = \frac{1}{n}\sum_{i=1}^{n} k_i$	计算简单直观
4	相对值法	$Q_4 = \sum_{i=1}^{n} k_i / nQ_0$	能看出与理想方案的差距
5	有效值法	$N = \sum_{i=1}^{n} k_i g_i$	总分中考虑了各评价指标的重要程度

（2）决策树法。

决策树法是风险决策的基本方法之一。决策树分析方法又称概率分析决策方法。其与事故树分析一样是一种演绎性方法，即是一种有序的概率图解法。它的优点是：能显示出决策过程，形象具体、使于发现问题；能把风险决策的各个环节联系成一个统一的整体，有利于决策过程中的思考。易于比较各种方案的优劣，既可进行定性分析，也可进行定量分析。下面就其应用程序展开讲述。

① 决策树形。

决策树的结构如图 5-2 所示，图中符号说明如下：

方块“□”表示决策点，从它引出的分支叫方案分支，分支数即为提出的方案数。

圈“○”表示方案结点（也称自然状态点）。从它引出的分支称为概率分支，每条分支上面应注明自然状态（客观条件）及其概率值，分支数即为可能出现的自然状态数。

三角“△”表示结果节点（也称末梢），它旁边的数值是每一方案在相应状态下的收益值。

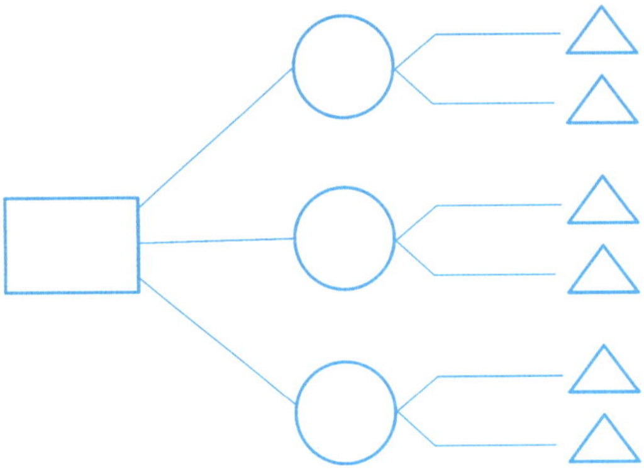

图 5-2　决策树形

② 决策步骤。

首先，根据决策问题绘制决策树；其次，从左向右，逐一进行分析，计算概率分支的概率值和相应的结果节点的损益值；最后，计算各自然状态点的损益期望值，并分别标在各相应点上通过比较各自然状态期望值大小，确定最优方案。

【例 5-4】 为生产某新产品而设计了两个基本建设方案：一是建大厂，二是建小厂。建大厂需要投资 300 万元，建小厂需要投资 140 万元，两者的使用期限都是 10 年，估计在此期间，产品销路好的概率是 0.7，销路差的概率是 0.3。两个方案的年损益值如表 6-9 所示。请比较这两个方案，判断哪个方案较好。

表 5-9　损益矩阵表

备选方案	自然状态	
	销路好 S_1	销路差 S_2
	$P(S_1)=0.7$	$P(S_2)=0.3$
建大厂	100	−20
建小厂	40	30

【解】 首先，根据损益矩阵画出决策树，见图 5-3。

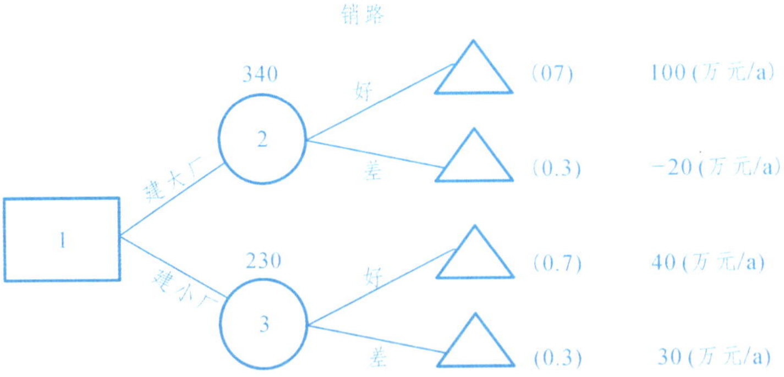

图 5-3　例 5-4 决策树

其次，计算各方案的损益期望值 E。

点 2：E_2 = [0.7 × 100 + 0.3 ×（ − 20）] × 10 − 300 = 340（万元）

点 3：E_3 =（0.7 × 40 + 0.3 × 30）× 10—140 = 230（万元）

因为 $E_2>E_3$，故选建大厂为最优方案。

必须指出，所谓损益期望值是指今后可能得到的数值，而并不代表必然能够实现的数值。因此，以损益期望值为标准而选定的最优方案，在个别情况下，还可能出现与期望值较大的偏差，也就是说这种决策分析是带有一定的机遇性的，这正是风险型决策的特点。但从统计学的观点来看，以损益期望值作为评选方案的标准，还是较合理的。有些决策问题只需要一次决策，那么在决策树上只有一个决策点，这称为单阶段决策问题。但有时需要对决策问题进行多次决策，这称为多阶段决策，在决策树上就出现两个或两个以上的决策点。

【例 5-5】 某厂内生产需要，考虑是否自行研制一个新的安全装置。首先，需决策这个研制项目是否需要评审。如果评审，则需要评审费 5 000 元；不评审，则可省去评审费用。如果决定评审，评审通过概率为 0.8，不通过的概率为 0.2。每种研制形式都有失败可能，如果研制成功（无论哪一种形式），能有 6 万元收益。若采用“本厂独立完成形式”，则研制费为 2.5 万元，成功概率为 0.7，失败概率为 0.3；若采用“外厂协作”形式（包括先评审），则支付研制费用为 4 万元，成功概率为 0.99，失败概率为 0.01。针对上述问题，需要进行决策。

【解】（1）首先画出决策树，如图 5-4 所示。

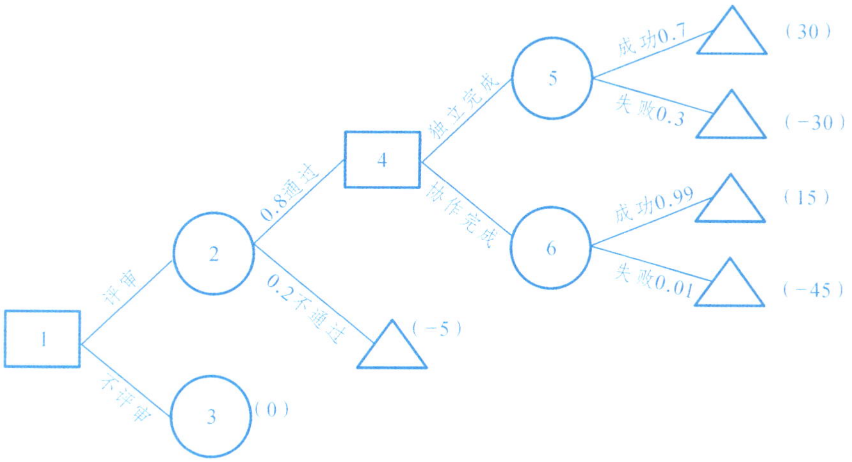

图 5-4　例 5-5 决策树图

（2）根据上述数据计算各结点的收益（收益 = 效益 − 费用）。

独立研制成功的收益：6 − 0.5 − 2.5 = 3（万元）

独立研制失败的收益：0 − 0.5 − 2.5 = − 3（万元）

协作研制成功的收益：6 − 0.5 − 4 = 1.5（万元）

协作研制失败的收益：0 − 0.5 − 4 = − 4.5（万元）

按照期望值公式计算期望值，期望值公式为：

$$E(V)=\sum_{i=1}^{n}P_iV_i$$

式中 V_i——事件 i 的条件值；

P_i——特定事件 i 发生的概率；

n——事件总数。

独立研制成功的期望值：$E(V_6)=0.7\times3+0.3\times(-3)=1.2$（万元）

协作研制成功的期望值：$E(V_7)=0.99\times1.5+0.01\times(-4.5)=1.44$（万元）

（3）根据期望值决策准则，若决策目标是收益最大，则采用期望值最大的行为方案；如果决策目标是使损失最小，则选定期望值最小的方案。本例选用期望值最大者，即选用协作完成形式。

任务实施

【应用 5-5】 本任务的“例 5-4”提到的建厂方案的选择问题，实际上 10 年以内产品销路状况是难以准确预测出来的。通常可划分为几个阶段来分别预测其概率，因而其建厂方案也因其产品产量的不同而有许多种，所以就需要进行多次决策。假如在原来两方案（建大厂和建小厂）的基础上再考虑第三个方案：建小厂，如销路好 3 年后再扩建，扩建需投资 200 万元，可使用 7 年，每年盈利 95 万元。如此三个方案中，哪个最优？

练 习 题

1. 制定安全对策措施应遵循哪些原则？
2. 安全对策措施包括哪些内容？

项目 6　安全系统工程应用实例

前面的项目中学习了系统安全定性分析法和系统安全定量分析法，系统分析方法是为了解决生产生活中的实践应用，本项目就事件树分析法、事故树分析法、预先危险性分析以和故障类型及影响分析在化工企业、航空化学品运输等案例中的应用，便于更深层次地理解和应用安全系统分析工具。

知识目标

1. 掌握各种系统安全定性分析方法的基本概念、原理。
2. 掌握各种系统安全定性分析方法的特点、实施步骤。
3. 掌握各种系统安全分析方法在实际案例中的应用。

能力目标

1. 具备运用系统安全定性分析方法辨识系统中危险源的能力。
2. 具备针对案例选用不同的系统安全分析方法进行分析并提出具体安全预防措施的能力。

素质目标

1. 培养系统安全分析的逻辑能力。
2. 培养严谨细致的工作态度。

任务 1　事件树分析法应用——油库作业安全风险评估与分析

任务目标

- 明确事件树分析的内涵以及应用步骤；
- 掌握事件树与实际案例的结合应用。

任务描述

事件树分析作为既可以定性又可以定量分析，是安全系统工程常用的分析方法。

它起源于决策树分析,是一种按事故发展的时间顺序由初始事件开始推论可能的后果,从而进行危险源辨识的方法。这种方法将系统可能发生的某种事故与导致事故发生的各种原因之间的逻辑关系用一种称为事件树的树形图表示，通过对事件树的定性与定量分析，找出事故发生的主要原因，为确定安全对策提供可靠依据，以达到分析与预防事故发生的目的。事件树分析法着眼于事故的起因，从事件的起始状态出发，按照一定的顺序，分析初始事件可能导致的各种序列的结果。本任务运用事件树分析评估油库作业的安全风险，突出安全管理的必要性，基于识别的风险可提出对应的风险控制措施，降低油库作业的风险性，规范管理。

案例应用

油库输油管线投用一段时间后，由于应力、腐蚀或材料、结构及焊接工艺等方面的缺陷，使用过程中会逐渐产生穿孔、裂纹等，并因外界其他客观原因导致渗漏。在改造与建设进程中也会根据需要，动用电焊、气焊等进行动火补焊、碰接及改造。动火作业是一项技术性强、要求高、难度大、颇具危险性的作业，为了避免发生火灾、爆炸、人身伤亡以及其他作业事故，动火作业必须采取一系列严格有效的安全防护措施。根据相关的管理规定和防火规范，反思事故教训，总结施工经验和体会，在油库输油管线动火作业中进行风险评估时非常重要。

油库输油管线作业流程和作业要求如下：

（1）在实施动火施工作业前，业务领导和工程技术人员要认真进行实地勘察，特别要注意分析天气、风向、温度对作业的影响。

（2）要针对不同的作业现场和焊、割对象，配备符合一定条件和数量的消防设备和器材,由消防班人员担任动火作业的消防现场值班,消防车停在作业现场担任警戒,消防水带延伸至作业现场，随时做好灭火准备。

（3）实施动火施工过程中应注意油气浓度不在爆炸范围值内，确认油气浓度在爆炸浓度下限 4%以下后方可动火。

（4）在清空的输油管线上动火，必须用隔离盲板断开与其他油罐（管）的连通，并进行清洗和通风。

（5）使用电焊时，需断开待焊设备与其他储油容器、管道的金属连接。

（6）在清空的储油容器、输油管线上动火作业完毕后还必须进行无损检测，如进行水（气）压试验或超声波探伤。对检查出的焊接缺陷，及时补焊。

油库输油管线动火作业事故教训深刻，轻则造成跑油、冒油、漏油、混油和设施设备损坏，重则造成严重经济损失和人员伤亡。根据表 6-1 对事故类型的分类，油库输油管线动火作业各等级事故均有可能发生。因此，油库输油管线动火作业存在较多风险。基于事件树分析法对油库动火作业风险进行评估，有助于明确不同作业环节对作业后果的影响程度，从而能够迅速采取相应的应急响应，有效规避作业风险。

表 6-1　油库作业事故类型、危害指数和事故描述

事故类型	特大事故	重大事故	严重事故	一般事故
危害指数	100	80	50	30
事故描述	重大燃烧、爆炸，造成人员伤亡，或者损失特别严重、影响特别恶劣	着火爆炸，无人员伤亡，造成严重经济损失	严重跑油、冒油、漏油，设施设备损坏造成直接经济损失 10 万元以上，100 万元以下	轻度跑油、冒油、漏油，设施设备损坏造成直接经济损失 1 万元以上，10 万元以下

根据作业流程和事故分析，构造油库管线动火作业事件树。假定各事件的发生是相互独立的，通过风险辨识、故障树和专家经验分析，计算得出各分支链的后果事件概率，如图 6-1 所示。

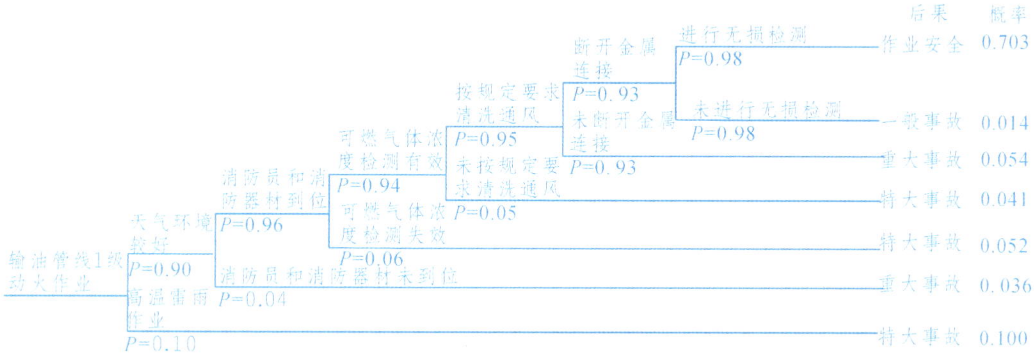

图 6-1　油库输油管线动火作业事件树分析

根据后果事件类型和发生概率，分别计算各后果事件的风险指数，从而明确风险等级，并发布风险警报，见图 6-2。

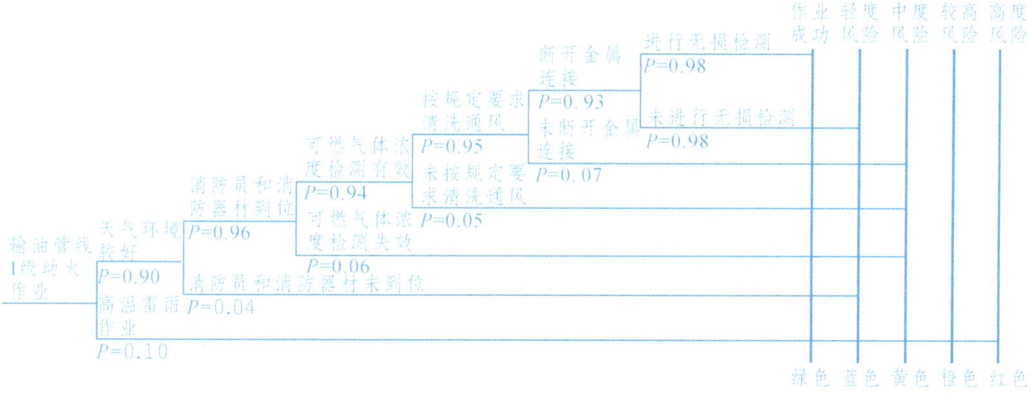

图 6-2　油库输油管线动火作业风险等级和风险警报

基于事件树分析法对油库作业安全风险进行评估，对于贯彻落实油库管理各项规章制度，确保油库作业安全，有效防范事故发生，提高应急处置能力具有重要意义。

（1）拓宽防范思路，提高管理效益。在油库作业过程中造成的事故在油库各类事故中占比较大。因此，从油库作业流程入手，分析各种作业行为可能导致的后果，能有效预防和减少作业过程中发生的各类事故，大大提高油库管理效益。

（2）规范作业行为，预防事故发生。人的不安全行为是形成事故的主要因素，具有很大的随机性。油库作业安全风险评估，明确了不同作业环节可能导致的后果，有助于规范操作人员作业行为，有效预防事故发生。

（3）明确风险等级，提高应急能力。用统计分析和数学模型，定量分析不同作业环节可能引发事故的概率，计算风险指数，确定危险等级，发布相应的风险警报，从而采取有效应急处置对策，切实消除事故隐患，防止引发二次事故。

任务 2　预先危险性分析应用
——小型轧钢企业危险源安全预评价

任务目标

- 明确预先危险性分析的内涵以及应用步骤；
- 掌握预先危险性分析与实际案例的结合应用。

任务描述

冶金行业的安全状况很不平衡，国有大型企业总体安全生产情况良好，但部分中小企业仍存在设备工艺落后、安全管理混乱、职工素质低等现象。下面结合某小型轧钢企业的生产特点，对生产过程中的危险源和有害因素进行辨识和评价，为小型轧钢企业事故隐患排查、降低事故风险提供帮助。

案例应用

1. 小型轧钢生产过程中主要危险、有害因素的分析、评价

1）主要危险因素的分析、评价

根据《企业职工伤亡事故分类》（GB 6441—86）并结合小型轧钢企业的生产特点，采用预先危险分析法对企业的主要危险因素分析评价，如表 6-2 所示。

表 6-2 小型轧钢生产过程中主要危险因素分析评价表

危险类型	危险因素	所处位置	形成事故原因事件	事故情况	结果	危险等级
机械伤害	机械（直线、往复运动部件）夹击、碰撞、剪切、卷入、绞、碾、割、刺	轧钢作业区	轧钢伤人、轧机夹伤人、红钢飞出去	生命停止人员伤亡	财产损失、人员伤亡、生产停止	Ⅲ级
		煤气站皮带输送机	接触设备运动部件			
		电机、风机等机械得传动件	人员违章操作			
起重伤害	挤压、坠落（吊具、吊重）物体打击和触电	轧钢天车、电磁吊作业、煤气站电葫芦等	起重作业（检修、运行）	吊具、吊锤坠落伤人，人员被挤压	人员伤亡	Ⅲ级
灼烫	高温物体烫伤	煤气炉、蒸汽锅炉及管道、加热炉	插钎时高温水蒸气泄漏、蒸汽锅炉及管道破裂、人员接触设备、管道超温的表面	人员烫伤	人员烫伤	Ⅲ级
火灾	点火源（明火、电火花、撞击火花、静电火花、物质缓慢氧化放热）	煤堆场	煤粉缓慢氧化	煤粉燃烧、生产停止	财产损失、人员伤亡、生产停止	Ⅲ级
		煤气站、加热炉	煤气管道、阀门、水封、排送机等泄露遇点火源	引起火灾		
		轧钢油液压系统	液压油泄露遇点火源	引起火灾、设备损坏		
高处坠落	高位能	室内外临空平台、煤气炉、加热炉等检修平台	防护措施不全或损坏、人员操作失误、室外天气影响	检修、巡检人员坠落	人员致残致伤	Ⅱ级
化学性爆炸	煤热油液滴	煤焦油捕集装置	煤热油及氧含量达到爆炸极限	发生爆炸	财产损失、人员伤亡、生产停止	Ⅱ级
	煤气	煤气发生及输送管道	煤气中氧含量超标、并遇点火源			
	乙炔	检修焊割作业	操作不当			
物理性爆炸	高温高压水蒸气	余热锅炉及管道	容器、管道缺陷、人员操作失误	设备爆裂、蒸气泄露	财产损失、人员伤亡、生产停止	Ⅱ级
淹溺	窒息	焦油池	捞取焦油、焦渣时发生坠落	人员坠池	人员伤亡	Ⅲ级
中毒	化学能	煤气站、加热炉及煤气管道	煤气泄漏	人员接触中毒	人员伤亡	Ⅱ级

2）主要有害因素分析

（1）粉尘。轧钢生产中的粉尘危害主要是燃料供应环节，即煤气站中的煤粉。在煤气站的煤堆场、煤输送的皮带走廊、煤筛选、煤气炉及其废气处理环节都有粉尘产生，工人长期在这种环境下工作，身体将会受到不同程度的损害，严重的还会造成呼吸系统疾病。

（2）噪声。噪声主要来源于轧钢生产线上轧制，剪切、打包吊装等设备。这些设备在运转过程中产生的噪声往往超标，并会造成工人的听力下降。噪声引起听觉功能敏感度下降甚至造成耳聋，或引起神经衰弱、心血管病及消化系统等疾病的高发。噪声干扰、影响信息交流，听不清谈话和信号，促使误操作发生率上升。

（3）高温。在煤气炉，加热炉等处有大量辐射热产生，如不采取有效措施，会危害工人的身体健康。温度是工作环境的重要条件之一，在很多工作场所中，热的危害常被视为严重的问题。在温度过高的热环境下工作，常会因身体不适而助长心情暴躁、愤怒或其他情绪变故，诱使工人动作轻率、不谨慎而导致意外事故。如果在热环境下暴露过度，也会使工人的体力、精力耗尽，而直接产生身体上的病变。高温的危险性包括：人员烫伤、中暑、热衰竭、热痉挛、昏厥、汗疹、暂时性热疲劳。

3）主要有害因素评价

主要有害因素评价如表 6-3 所示。

表 6-3　主要有害因素的预先危险性分析

危害因素	所处位置	形成伤害原因	伤害情况	结果	危险等级
噪声危害	皮带走廊、风机、轧机、剪切	噪声超标、人员停留时间过长	人员听力受损	听力受损、可能引发操作失误	Ⅱ级
生产性粉尘（煤粉）	煤堆场、煤筛选场所、皮带走廊	设备密闭不良、粉尘逸散	肺组织纤维化	导致人员尘肺病	Ⅱ级
高温	煤气站、加热炉、轧机	保温措施不足人员停留时间过长	人员身体不适	人员中暑、可能引发操作失误	Ⅱ级

2. 风险控制

根据小型轧钢的生产系统和生产工艺特点，辨识出系统的主要危险源的位置及其危险有害因素和事故故障类型。通过上述危险因素的具体分析，10 项主要危险源中危险性等级为Ⅲ级的 6 项，危险性等级为Ⅱ级的有 4 项。说明安全制度管理和职业卫生管理是小型轧钢安全工作的首要重点，硬件设备安全控制的主要性位居第二。目前，我国小型轧钢企业绝大部分是民营企业，有必要强化安全生产管理和职业卫生管理，建立符合各企业实际的安全文化体系。具体采取如下措施：

（1）强化各工种操作人员岗前、岗中安全生产培训，考核合格后才允许持证上岗。

（2）积极落实各岗位的安全权限和责任，将其细化至具有可操作性和有效性，促使每个岗位的操作人员能自发地加强本岗位的隐患排查及管理工作。安全检查是落实企业安全管理目标的重要形式，检查分为两个方面：一方面，企业员工要进行安全自查，以找出事故隐患和其他安全生产问题，提高隐患排查的效率，鼓励先进并给予奖励；另一方面，企业属地政府安全生产监督管理部门有关人员来企业生产场所进行不定期安全检查，及时发现问题，限时解决问题。

（3）加强作业岗位职业危害因素的监测和治理。

（4）加强对各工种操作人员的不定期培训，发现问题及时解决问题，决不遗留问题过夜。

（5）编制事故应急预案，建立突发事件应急救援体系。要强调落实到各工种，具有可操作性。完善救援预案，并组织职工进行学习演练，提高作业人员对危险源方面的知识，增强作业人员紧急情况下的应急应变能力。

（6）千方百计地升级轧钢设施硬件，积极淘汰落后的，对安全保护不重视或本身就没有安全保护设施的设备。

（7）针对主要有害因素生产性粉尘（煤粉），建立特殊岗位的轮换轮休制度。当吸入性粉尘摄入量达到安全阀值前坚决调离原岗位，永不回原岗位。

（8）针对主要有害因素高噪声和高温，健全个人职业卫生制度，强制性地执行岗位职业卫生保护。如带耳麦既能保护听力，又能提高信息的顺畅传递，将信息衰减降至最低，避免由于信息不畅而导致的事故。

通过对小型轧钢企业存在的危险、有害因素进行了辨识分析，并采用了预先危险分析法进行了危险有害因素的分级评价，可以直观判别小型轧钢企业在生产中不同位置存在的危险源，各种危险源引发事故的触发条件，预测各种危险出现可能对安全生产造成的影响，根据其影响的不同程度进行危险等级划分，针对不同危险源的危险等级，结合小型轧钢企业的各种资源情况提出科学可行有效的消除、预防或降低危险的安全对策措施。小型轧钢企业应加强安全生产管理制度建设、管理机构建设，全面落实小型轧钢企业安全生产技术措施和管理措施，最终实现小型轧钢企业全面安全生产。

任务 3 作业条件危险性分析法应用
——漆业公司安全风险评估与分析

任务目标

- 明确作业条件危险性分析的内涵以及应用步骤；
- 掌握作业条件危险性分析与实际案例的结合应用。

任务描述

在漆业公司的安全管理中，主要是对作业环境的危险源的控制。危险源都具有潜在能量和物质释放危险，可造成人员伤害、财产损失或环境破坏，因此在对危险源的辨识和控制在安全管理中是至关重要的。通过采用作业条件危险性分析，对作业环境存在的危险源进行辨识、分析、计算，确定危险源的重大风险，为作业环境危险源控制提供参考依据。

案例应用

作业条件的危险性分析法是对人员在具有潜在危险性环境中作业时危险性进行评价的半定量评价方法。影响作业条件的因素包括事故发生的可能性（L）、人员暴露于危险环境的频繁程度（E）和一旦发生事故可能造成的后果（C）。用这三个因素分值的乘积表示作业条件的危险性（D），即 $D=L\times E\times C$。D 值越大，作业条件的危险性就越大。

1）事故发生的可能性（L）

事故发生的可能性（L）定性表达了事故发生概率。其分值规定见表 6-4。

表 6-4　事故发生可能性分值 L

分数值	事故或危险情况发生可能性	分数值	事故或危险情况发生可能性
10	完全会被预料到	0.5	可以设想，很不可能
6	相当可能	0.2	极不可能
3	可能，但不经常	0.1	实际上不可能
1	完全意外，很少可能		

2）人员暴露于潜在危险环境的频繁程度（E）

人员暴露在危险环境中的时间越多，受到伤害的可能性越大，相应的危险性也越大。其分值规定见表 6-5。

表 6-5　暴露于潜在危险环境的频繁程度分值 E

分数值	暴露于危险环境的频繁程度	分数值	暴露于危险环境的频繁程度
10	连续暴露	2	每月暴露一次
6	每天工作时间内暴露	1	每年几次暴露
3	每周一次或偶然地暴露	0.5	非常罕见地暴露

3）发生事故可能造成的后果（C）

由于事故造成人员的伤害程度的范围很大，规定把需要治疗的轻伤对应分值为 1，许多人同时死亡对应的分值为 100，其他情况评分标准见表 6-6，并根据事故后果严重程度应用插分法取值、赋分。

表 6-6　事故造成的结果分值 C

分值	可能结果	分值	可能结果
100	大灾难，许多人死亡	7	严重、严重伤害
40	灾难，数人死亡	3	重大、致残
15	非常严重，一人死亡	1	引人注目，需要救护

4）危险性等级划分标准

根据经验，危险性等级划分标准见表 6-7。

表 6-7　危险性等级划分标准

危险性分值	事故造成的后果	危险性分值	事故造成的后果
≥320	极度危险，不能继续作业	≥20～70	比较危险，需要注意
≥160～320	高度危险，需要立即整改	<20	稍有危险，可以接受
≥70～160	显著危险，需要整改		

根据对公司生产工艺过程危险有害因素的分析，针对公司各生产车间、库房的作业场所采用作业条件危险性评价法，进行危险等级的评价。

（1）作业条件危险性评价。

① 储罐区。

事故或危险事件发生的可能性（L）：正常情况下发生火灾、爆炸事故，管道、容器破裂事故的可能性为不经常，但可能，即 $L=3$。

暴露于危险环境的频率（E）：操作人员巡查时暴露，即 $E=3$。

发生事故或危险事件可能结果（C）：储罐泄漏爆炸的危险性大，一旦发生爆炸事故，后果非常严重，因此，认为发生事故或危险事件可能结果为非常严重，即 $C=15$。

$$D=L\times E\times C=3\times 3\times 15=135$$

危险等级为“显著危险”。

② 调漆树脂车间。

事故或危险事件发生的可能性（L）：正常情况下发生火灾、爆炸事故，管道、容器破裂事故的可能性为不经常，但可能，即 $L=3$。

暴露于危险环境的频率（E）：操作人员每天操作时暴露，即 $E=6$。

发生事故或危险事件可能结果（C）：该工序即使发生事故也仅影响现场个别人员造成伤害，对因此，认为发生事故或危险事件可能结果为严重，即 $C=3$。

$$D=L\times E\times C=3\times 6\times 3=54$$

危险等级为“比较危险，需要注意”。

③ 热油站。该工序的主要危险是火灾、爆炸等。

事故或危险事件发生的可能性（L）：该工序生产过程基本是在密闭状态进行，正常情况下发生火灾、爆炸事故，管道、容器破裂事故发生的可能性为很少可能，即 $L=1$。

暴露于危险环境的频率（E）：操作人员每天工作时间内暴露，即 $E=6$。

发生事故或危险事件可能结果（C）：发生事故或危险事件可能结果为严重、严重伤害，即 $C=7$。

$$D=L\times E\times C=1\times 6\times 7=42$$

危险等级为“比较危险，需要注意”。

④ 危险化学品库房。

事故或危险事件发生的可能性（L）：库房火灾、爆炸事件发生的可能性为可以设想，很不可能，即 $L=0.5$。

暴露于危险环境的频率（E）：操作人员每天工作时间内暴露，连续暴露，即 $E=6$。

发生事故或危险事件可能结果（C）：发生事故或危险事件可能结果为重大、致残，即 $C=3$。

$$D=L\times E\times C=0.5\times 6\times 3=9$$

危险等级为“比较危险，需要注意”。

⑤ 成品库房。

库房火灾、爆炸事件发生的可能性（L）：可以设想，很不可能，即 $L=0.5$。

暴露于危险环境的频率（E）：操作人员每天工作时间内暴露，连续暴露，即 $E=6$。

发生事故或危险事件可能结果（C）：发生事故或危险事件可能结果为重大、致残，即 $C=3$。

$$D=L\times E\times C=0.5\times 6\times 3=9$$

危险等级为“比较危险，需要注意”。

（2）作业条件危险性评价结果。

根据作业条件危险性分析评价方法中对事故或危险事件发生的可能性（L）、操作人员暴露于危险环境的频率（E）、发生事故或危险事件可能结果（C）进行取值，求出各危险设备或作业场所的危险性分值，依据危险性等级划分标准，确定该危险设备或作业场所的危险性等级。其评价结果见表 6-8。

表 6-8　设备或作业及场所评价结果汇总表

序号	作业区域	主要危险	L	E	C	D	危险性等级
1	调漆车间	火灾、爆炸、中毒、机械伤害、粉尘、噪声伤害、物体打击等	3	6	3	54	比较危险
2	树脂车间	火灾、爆炸、灼烫、中毒、机械伤害、物体打击等	3	6	3	54	比较危险
3	储罐区	火灾、爆炸、中毒窒息等	3	3	15	135	显著危险
4	热油站	火灾、爆炸、灼烫	1	6	7	42	比较危险
5	化学品库房	火灾、中毒、坍塌、车辆伤害	0.5	6	3	9	稍有危险
6	成品库房	火灾、中毒、车辆伤害、坍塌、车辆伤害	0.5	6	3	9	稍有危险

任务 4　故障树分析法应用
——航空运输中隐含危险品安全风险分析

任务目标

- 明确故障树分析法的内涵以及应用步骤；
- 掌握故障树分析法与实际案例的结合应用。

任务描述

航空运输过程中，隐含危险品风险较大，如管控不当将会引发事故，学会通过故障树分析法对其过程进行分析，找出其安全风险的关键环节，找到引发隐含危险品运输的基本原因事件，进而针对性解决其安全问题。

案例应用

1. 故障树分析法应用步骤

航空客运运输中隐含危险品主要涉及的方面是客运托运行李，行李托运涉及到环节多，只要其中某个环节发生偏差，就会给航空运输带来风险。采用故障树分析法对航空运输客运中隐含危险品进行系统安全风险分析。根据故障树分析程序，首先确定以托运行李中夹带隐含危险品为故障树的顶上事件，从事故结果向下层层分析，直到分析到找出导致顶上事件发生的基本原因事件，构建故障树。

（1）最小割集。

经过运算分析可知故障树的最小割集的数量有 16 个，具体见表 6-9 所示。由此也可以看出能够带来航空客运运输中隐含危险品安全风险的可能性有 16 种，针对这 16 种可能性提出针对性安全对策措施，可以有效的避免顶上事件的风险发生。

（2）最小径集。

经过运算分析可知该故障树有 5 个最小径集，具体如表 6-10 所示，每一个最小径集都是防止顶上事件发生的安全方案。从实际可操作性来看，其中方案 3、4、5 比较简单，同时在 5 个方案中都涉及到 X_2 事件，即相关工作人员在工作过程中工作松懈，心存侥幸，因此针对航空客运中隐含危险品的风险防控要重点关注人为影响因素。

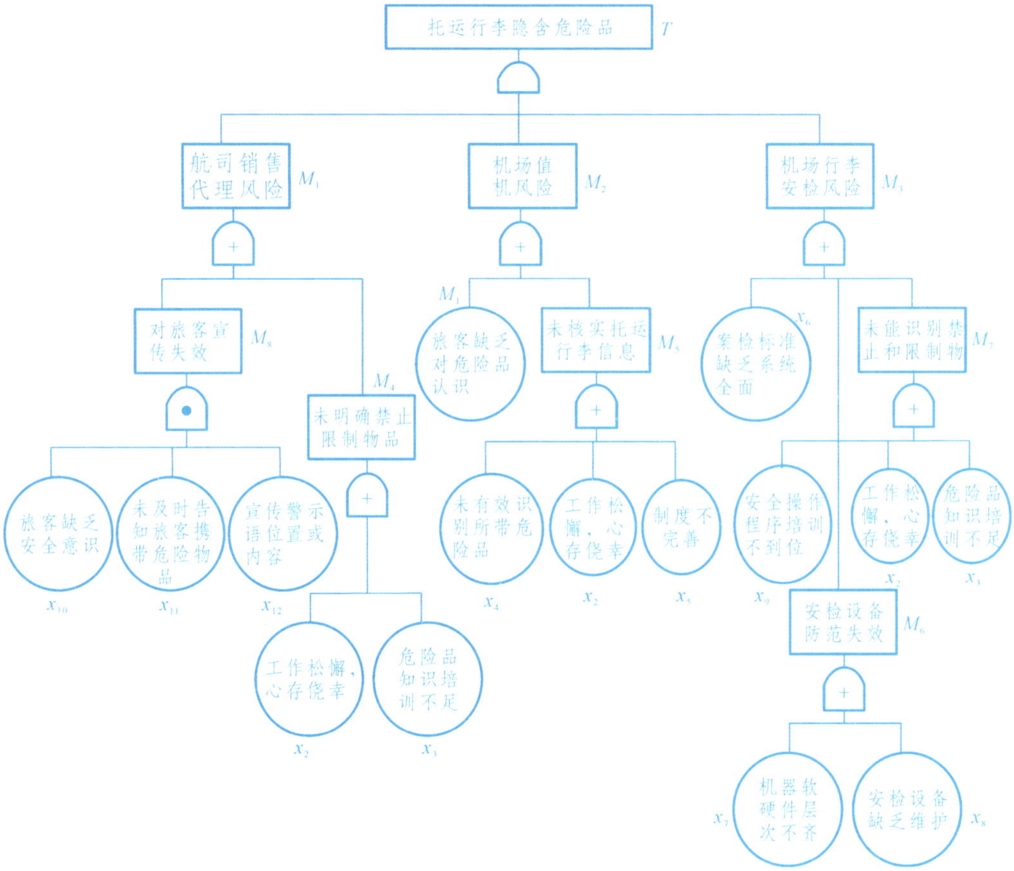

图 6-3 航空客运运输中隐含危险品安全风险故障树图

表 6-9 航空客运运输中隐含危险品安全风险事件最小割集

序号	最小割集	预防措施
1 2 3 4 5	(X_1X_3) $(X_1X_6X_{10}X_{11}X_{12})$ $(X_1X_7X_{10}X_{11}X_{12})$ $(X_1X_8X_{10}X_{11}X_{12})$ $(X_1X_9X_{10}X_{11}X_{12})$	加强对旅客关于航空运输危险品的宣传介绍
6	(X_2)	强化相关工作人员岗位职责，提高安全意识
7，8	$(X_3X_4)(X_3X_5)$	加大危险品安全培训力度
9 10 11 12	$(X_4X_6X_{10}X_{11}X_{12})$ $(X_4X_7X_{10}X_{11}X_{12})$ $(X_4X_8X_{10}X_{11}X_{12})$ $(X_4X_9X_{10}X_{11}X_{12})$	提升工作人员对旅客所带危险品信息的识别能力
13 14 15 16	$(X_5X_6X_{10}X_{11}X_{12})$ $(X_5X_7X_{10}X_{11}X_{12})$ $(X_5X_8X_{10}X_{11}X_{12})$ $(X_5X_9X_{10}X_{11}X_{12})$	完善旅客可携带危险品收运制度

表 6-10 航空客运运输中隐含危险品安全风险事件最小径集

<table>
<tr><th>序号</th><th>最小径集</th><th>预防措施</th></tr>
<tr><td>1</td><td>$(X_1X_2X_4X_5)$</td><td rowspan="5">加强对旅客宣传，提高宣传的有效性，加强对工作人员关于危险品知识和职业岗位责任意识的培训</td></tr>
<tr><td>2</td><td>$(X_2X_3X_6X_7X_8X_9)$</td></tr>
<tr><td>3</td><td>$(X_2X_3X_{10})$</td></tr>
<tr><td>4</td><td>$(X_2X_3X_{11})$</td></tr>
<tr><td>5</td><td>$(X_2X_3X_{12})$</td></tr>
</table>

（3）结构重要度。

经过计算得出故障树的结构重要度排序如下：

$I(X_2)>I(X_3)>I(X_{12})=I(X_{11})=I(X_{10})>I(X_5)=I(X_4)=I(X_1)>I(X_9)=I(X_8)=I(X_7)=I(X_6)$，有上述基本事件排序可知，事件 2 和事件 3 在整个故障树的结构中影响力较大，是安全风险防控的重点对象。预防顶上风险事件的发生则需要重点加强工作人员的危险品的识别培训，除了专业技能的提升，相关工作人员的职业素养也需要进一步加强。

2. 航空运输货运中隐含危险品故障树建立

航空货运运输因操作环节多、涉及的部门广，相比航空客运运输其复杂性要高。但航空货运中隐含危险品的风险与前面所述的航空客运普通托运物品的隐含危险品风险具有一定的相似性。对航空货物运输中环节进行分析，找出其安全风险的关键的环节，确定以普通货物中隐含危险品为顶上事件，按照因果与逻辑关系结构层层分析，直到找到引发顶上事件的基本原因事件，具体的故障树图如图 6-4 所示。

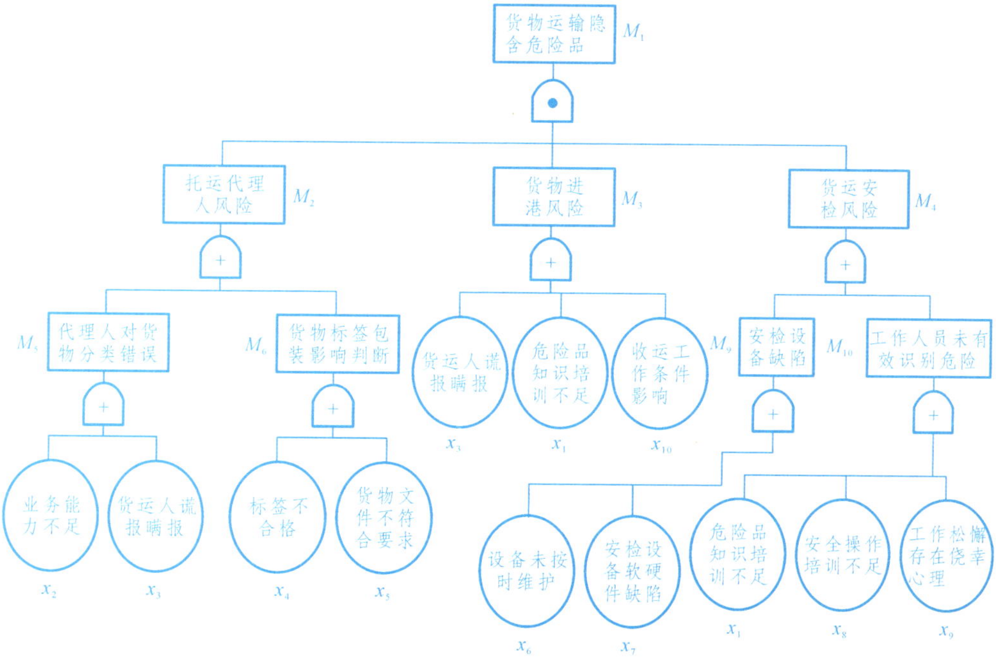

图 6-4 航空货运中隐含危险品安全风险故障树图

表 6-11　航空货运运输中隐含危险品安全风险事件最小割集

序号	最小割集	预防措施
1，2 3，4	(X_1X_2) (X_1X_3) (X_1X_4) (X_1X_5)	加强对从业人员危险品专业知识的培训，提高从业人员职业道德和业务能力
5，6 7，8	$(X_2X_6X_{10})$ $(X_2X_7X_{10})$ $(X_2X_8X_{10})$ $(X_2X_9X_{10})$	提升货运操作相关人员的专业业务能力，增加安检设备的经费投入，提高作业环境条件
9，10 11，12	(X_3X_6) (X_3X_7) (X_3X_8) (X_3X_9)	提升工作人员对危险品信息的识别能力，保障安检设备的可靠性
13，14 15，16	$(X_4X_6X_{10})$ $(X_4X_7X_{10})$ $(X_4X_8X_{10})$ $(X_4X_9X_{10})$	规范标签样式与内容，增加安检设备的经费投入，提高作业环境条件
17，18 19，20	$(X_5X_6X_{10})$ $(X_5X_7X_{10})$ $(X_5X_8X_{10})$ $(X_5X_9X_{10})$	加强教育培训，规范货物文件的填写，增加安检设备的经费投入，提高作业环境条件

表 6-12　航空货运运输中隐含危险品安全风险事件最小径集

序号	最小径集	预防措施
1 2 3	$(X_1X_3X_{10})$ $(X_1X_6X_7X_8X_9)$ $(X_2X_3X_4X_5)$	加强危险品知识和安全操作培训，定期对安检设备进行检测维保，加强员工职业道德培训，规范运输货物标签和文件，提高工作环境的光线条件，保障单据填写的准确性

经过计算得出故障树的结构重要度排序如下：

$I(X_3)>I(X_1)>I(X_{10})>I(X_5)=I(X_4)=I(X_2)>I(X_9)=I(X_8)=I(X_7)=I(X_6)$，由上述基本事件排序可知，事件 3 和事件 1 在整个故障树的结构中影响力较大，即人员故意谎报瞒报和危险品知识培训不到位。综合分析可知工作人员的专业知识技能和岗位职业道德不强导致风险的产生，人为因素仍然是关注的重点。

3. 安全对策措施与建议

从安全管理的对象来看，风险隐患的产生主要是由人、物、环、管的四个方面导致的，结合上述故障树的定性分析，针对不同的风险提出不同的对策措施。

（1）人的因素。

人是导致航空客运运输中隐含危险品风险的主要因素。根据前面故障树定性分析结果可知，应该加强安检人员和值机人员的危险品知识的培训，并要求考核合格后才能上岗。同时也要加强相关工作人员的危险品风险辨识能力，优化工作时间与模式，提高其工作责任意识和安全意识，降低隐含危险品存在的风险。

（2）设备的因素。

机械设备是现在航空运输危险品检查的重要手段，其可靠性决定了隐含危险品存在风险的大小。客运运输中隐含危险品的数量种类具有随机性，因此要提高检查设备的可靠性，同时也要积极引进行业中最新的设备，保证检查结果的准确性。

（3）环境的因素。

加强在办理业务中对旅客的危险品知识的宣传，尤其通过清晰直观的宣传样式告知旅客禁止携带的物品。为了减低隐含危险品的风险，在机场人流高峰期时，要增加人力投入，降低工作人员的工作强度，提高工作效率和人员的可靠性。

（4）管理的因素。

健全的各项规章制度是保障安全生产、降低风险的前提。在航空客运运输工作中需要完善岗位安全责任制度，规范安全操作规程、安全检查的标准以及安全检查人员的培训管理制度。

4. 航空货运运输中隐含危险品风险控制措施

（1）人的因素。

据不完全统计，目前国内航空公司涉及危险品运输的不安全事件主要都是人为因素导致的。因此要加强托运人对航空运输安全操作和规定知识的培训教育，加强职业道德和法律意识教育，严禁为了经济利益，将危险品谎报、瞒报成普通货物；此外要加强相关工作人员的安全意识培训，心存敬畏，杜绝存在侥幸心理，增加航空运输的风险。

（2）设备的因素。

航空货物运输中涉及的货物种类繁多，尤其是涉及到新的物品，工作人员很难能够根据手中的文件资料来进行判断是否是风险物品。新开发的物品或隐含危险品查询咨询平台可以有效的解决上述问题，能够快速有效的帮助相关工作人员识别隐含危险品。面对不断更新的货物产品，则需要不断增加安检设备的投入，优化升级安检设备的软硬件，并对设备严格按照标准制度检查维护，确保设备的可靠性。

（3）管理因素。

建立健全航空公司、机场关于危险品运输管理的规章制度，完善相关的配套措施，对于安全检查的设备可靠性保证制度也需要进一步细化落实，增加制度的可操作性与有效性。

任务 5　安全检查表法应用
——电子公司消防安全设施安全风险分析

任务目标

- 明确安全检查表法的内涵以及应用步骤；
- 掌握安全检查法与实际案例的结合应用。

任务描述

安全检查表依据现行国家有关安全生产法律法规、标准、规程、规范及规定，国内外事故案例，结合公司现状，对评价单元存在的固有危险和有害因素，依据有关标准的要求，设定检查项目及内容，以此对照进行现场检查。并针对存在的不安全隐患提出对策措施和整改意见，以作为公司加强安全管理的参考依据。

案例应用

根据《中华人民共和国消防法》、《建筑设计防火规范》（GB 50016—2014）、《建筑灭火器配置设计规范》（GB 50140—2005）等法律法规的要求，对电子公司的消防安全设施检查表，见表 6-12。

表 6-12　消防安全设施安全检查表

序号	检查项目	检查依据	实际情况	检查结果	备注
1	国务院住房和城乡建设主管部门规定应当申请消防验收的建设工程竣工，建设单位应当向住房和城乡建设主管部门申请消防验收。前款规定以外的其他建设工程，建设单位在验收后应当报住房和城乡建设主管部门备案，住房和城乡建设主管部门应当进行抽查	《中华人民共和国消防法》第十三条	1#厂房、2#厂房于 2007 年 3 月 29 日通过消防简易验收	符合	
2	消防产品必须符合国家标准；没有国家标准的，必须符合行业标准。禁止生产、销售或者使用不合格的消防产品以及国家明令淘汰的消防产品	《中华人民共和国消防法》第二十四条	灭火器质量符合标准	符合	
3	禁止在具有火灾、爆炸危险的场所吸烟、使用明火。因施工等特殊情况需要使用明火作业的，应当按照规定事先办理审批手续，采取相应的消防安全措施；作业人员应当遵守消防安全规定	《中华人民共和国消防法》第二十一条	车间及储存场地内按要求动火	符合	
4	机关、团体、企业、事业等单位应当履行下列消防安全职责： （一）落实消防安全责任制，制定本单位的消防安全制度、消防安全操作规程，制定灭火和应急疏散预案； （二）按照国家标准、行业标准配置消防设施、器材，设置消防安全标志，并定期组织检验、维修，确保完好有效； （三）对建筑消防设施每年至少进行一次全面检测，确保完好有效，检测记录应当完整准确，存档备查；	《中华人民共和国消防法》第十六条	电子公司履行其消防安全职责	符合	

续表

序号	检查项目	检查依据	实际情况	检查结果	备注
4	（四）保障疏散通道、安全出口、消防车通道畅通，保证防火防烟分区、防火间距符合消防技术标准； （五）组织防火检查，及时消除火灾隐患； （六）组织进行有针对性的消防演练； （七）法律、法规规定的其他消防安全职责。单位的主要负责人是本单位的消防安全责任人	《中华人民共和国消防法》第十六条	电子公司履行其消防安全职责	符合	
5	任何单位、个人不得损坏、挪用或者擅自拆除、停用消防设施、器材，不得埋压、圈占、遮挡消火栓或者占用防火间距，不得占用、堵塞、封闭疏散通道、安全出口、消防车通道。人员密集场所的门窗不得设置影响逃生和灭火救援的障碍物	《中华人民共和国消防法》第二十八条	未遮挡消火栓等消防设施	符合	
6	消防用电设备应采用专用的供电回路，当建筑内的生产、生活用电被切断时，应仍能保证消防用电	GB 50016—2014 第 10.1.6 条	应急照明灯设有蓄电池，满足应急用电	符合	
7	消防车道的净宽度和净空高度均不应小于 4.0 m	GB 50016—2014 第 7.1.8 条	符合要求	符合	
8	供消防车辆停留的空地，其坡度不宜大于 8%	GB 50016—2014 第 7.1.8 条	不大于 8%	符合	
9	环形消防车道至少应有两处与其他车道相连通	GB 50016—2014 第 7.1.9 条	有两处与其他车道相连通	符合	
10	厂区围墙与厂区建筑物之间的间距不宜小于 5.0 m，且围墙与厂区建筑物两侧还应满足相应的防火间距要求	GB 50016—2014 第 3.4.12 条	2#厂房距离西侧围墙距离 5.0 m	符合	
11	灭火器的摆放应稳固，其铭牌应朝外。手提式灭火器宜设置在灭火器箱内或挂钩、托架上，其顶部离地面高度不应大于 1.50 m；底部离地面高度不宜小于 0.08 m。灭火器箱不得上锁	GB 50140—2005 第 5.1.3 条	灭火器摆放符合要求，灭火器箱上无锁	符合	
12	灭火器应根据不同场所设置相应的灭火器	GB 50140—2005 第 4.1 条	灭火器与场所相适应	符合	
13	灭火器应设置在明显和便于取用的地点，且不得影响安全疏散	GB 50140—2005 第 5.1.1 条	灭火器在明显和便于取用的地点	符合	
14	一个计算单元内配置的灭火器数量不得少于 2 具	GB 50140—2005 第 6.1.1 条	一个单元灭火器数量不少于 2 具	符合	

通过采用检查表的方法对电子公司的存储场所进行分析，共分析 20 项内容，全部符合。

任务 6　预先危险性分析法应用
——物流公司堆场改造中安全风险分析

任务目标

- 明确预先危险性分析的内涵以及应用步骤；
- 掌握预先危险性分析与实际案例的结合应用。

任务描述

预先危险性分析是在进行某项工程活动（包括设计、施工、生产、维修等）之前，对系统存在的各种危险因素（类别、分布）、出现条件和事故可能造成的后果进行宏观、概略分析的系统安全分析方法，目的是早期发现系统的潜在危险因素，确定系统的危险性等级，提出相应的防范措施，防止这些危险因素成为事故，避免考虑不周所造成的损失。

危险程度等级及统事故发生的可能性（发生概率）等级划分见表 6-13、6-14。

表 6-13　危险、有害因素危险程度等级划分

危险等级	可能造成的伤害和损失
Ⅰ级	安全的，可以忽略
Ⅱ级	临界的，处于事故边缘状态，暂时尚不能造成伤亡和财产损失，应予以排除或采取控制措施
Ⅲ级	危险的，会造成人员伤亡和系统损坏，要立即采取措施
Ⅳ级	破坏性的，会造成灾难性事故，必须立即排除

表 6-14　系统事故发生的可能性（发生概率）等级划分

级别	举例	注释
A	非常容易发生	很频繁
B	容易发生	相当可能
C	适度发生	偶然
D	不大发生	极少
E	几乎不发生	在系统寿命期内几乎不发生概率接近于零

案例应用

物流公司储存货物多，人流、物流集聚，各类安全风险叠加，为加强安全管控，采用预先危险性分析法对物流公司堆场改造项目进行安全风险分析，对可能发生的事故进行如下预先危险性分析汇总，对事故发生的可能性、事故后 果严重性给以评价，并提出防止事故发生的安全措施。

表 6-15 系统预先危险性分析

序号	危险源部位	潜在事故	形成事故的原因	严重度等级	事故可能性	安全对策
1	厂房及建构筑物	坍塌	地震，基础不均匀沉降，特大雪载荷、火灾。厂房、建构筑物未作抗震设计；基础设计不当或有缺陷；屋架及屋盖设计不当、强度不够；耐火等级不足未作防火涂层等	Ⅲ	D-E	建构筑物按本地区地震设防烈度设计；选用适合于本地区工程地质条件的建筑物基础；大面积的屋盖及屋架应具有足够强度；建构筑物应具有与生产火灾危险性类别相适应甚至更高的耐火等级
2	场区道路与运输车辆	车辆伤害	运输车辆由于运输过程中违章操作、驾驶、维修保养不当、刹车失灵、防护措施不到位，容易造成车辆伤害事故	Ⅲ	D	场区布置要做到人物分流；场区道路成环状布置或具有回车场；道路有足够宽度和转弯半径；道路两旁规定距离内不放置设备与设施（特别是具有较大危险的装置）
3	场区周围及厂内部的建筑、装置、设施	火灾	场区周围及场区内部的建筑、装置、设施因事故引起着火、燃烧及火灾。建筑、装置、设施按周围环境、风向、功能、防火、安全等要求进行分区及平面布置时存在的不合理因素	Ⅲ ~ Ⅳ	D	与场区周围相邻的企事业单位的建筑、装置、设施，特别是具有较大危险性的装置应具有足够的安全距离；场区与周围企事业单位及场区内装置的分区域布置（风向、功能、间距、防火、消防等）应符合相应规范确定的安全要求
4	厂房及建构筑物、装置、设施	洪涝淹没	如果发生海啸或海潮，或因特大暴雨或区域性洪涝灾害可能造成的淹溺或由此而引发的次生性灾害	Ⅲ ~ Ⅳ	D-E	设计标高符合标准；设置防洪堤；制定相关应急措施
5	场区建构筑物	雷电伤害	防雷设施设置不当，防雷电接地电阻不合格	Ⅲ	D	设置合理的避雷设施，并定期进行有效性检测；保证所有建构筑物均在保护范围内

从以上预先危险性分析结果可知，可能发生的事故类型中，以火灾和车辆伤害事故发生的可能性较大，建筑物坍塌事故在本项目中发生的可能性较低。事故的严重程度都为危险级或以上，会造成人员伤亡和系统损坏，必须采取措施加以预防。

参考文献

[1] 徐志胜，姜学鹏. 安全系统工程[M]. 北京：机械工业出版社，2016.

[2] 樊运晓，罗云. 安全系统工程[M]. 北京：化学工业出版社，2009.

[3] 许素睿. 安全系统工程[M]. 上海：上海交通大学出版社，2015.

[4] 张景林. 安全系统工程[M]. 北京：煤炭工业出版社，2014.

[5] 黄文祥. 安全系统工程[M]. 重庆：重庆大学出版社，2019.

[6] 陈晨. 基于故障树分析法的航空运输中隐含危险品安全风险研究[J]. 民航学报，2022（02）：1-4.